摄影与影视制作系列丛书

摄影光线

造型基础

赵欣 主编

化学工业出版社

·北京·

本书从摄影专业学习光线塑造物体的知识点出发，以模块训练为主，对不同光位塑造物体的特征，不同性质光线的表现特征和变化规律，光比的测量方法，光比的计算方法，光型塑造物体的规律，室内外自然光表现特性、拍摄技巧，自然光与闪光灯结合使用方法等知识点进行分析，具有结构清晰、图文并茂、涵盖面广、实践性强的特点。力求成为摄影者学习光线知识的工具性用书。每个模块下的实践紧贴理论知识点，由简入繁，加强读者对知识点的学习兴趣与理解。

本书可作为高等院校摄影专业和影视专业教材，亦可作为相关行业人员、爱好者的参考用书。

图书在版编目（CIP）数据

摄影光线造型基础/赵欣主编． —北京：化学工业出
版社，2016.2（2024.2重印）
（摄影与影视制作系列丛书）
ISBN 978-7-122-25873-1

Ⅰ．①摄…　Ⅱ．①赵…　Ⅲ．①摄影光学　Ⅳ．①TB811

中国版本图书馆CIP数据核字（2015）第299169号

责任编辑：李彦玲　　　　　　　　　　文字编辑：张　阳
责任校对：边　涛　　　　　　　　　　装帧设计：王晓宇

出版发行：化学工业出版社（北京市东城区青年湖南街13号　邮政编码100011）
印　　装：北京瑞禾彩色印刷有限公司
787mm×1092mm　1/16　印张8　字数183千字　2024年2月北京第1版第4次印刷

购书咨询：010-64518888　　　　　　　售后服务：010-64518899
网　　址：http://www.cip.com.cn
凡购买本书，如有缺损质量问题，本社销售中心负责调换。

定　　价：49.80元

FOREWORD 前言

摄影是光的艺术，光是摄影的灵魂。没有光就没有摄影，从曝光到印制照片都离不开光线。摄影师在创作过程中对光线的运用就如同画家运用画笔和颜料。摄影师对被摄对象的表达中，光线起到了不可替代的作用。一幅摄影作品的成功很大程度上取决于对光线的应用。因此，在掌握了如何使用相机之后，还需要掌握必要的摄影用光知识。

在摄影实践中，摄影师要根据作品主题、主体的要求，合理运用光线塑造形象，使之达到创作要求；既要完成造型的任务，又要完成表现气氛和表达意向的任务。光丰富多彩的表现形式为摄影艺术创作带了无限的乐趣和各种可能，摄影家可以从中选择出最合适的形式来表达特殊的目的。在能够灵活、自由地掌控、利用光线之前，对光进行详细的研究，熟悉光在摄影中的作用是非常必要的。认识不同光位塑造物体的特征；认识不同性质光线的表现特征和变化规律；认识不同造型光的表现特征；熟悉、掌握室内外自然光表现特性，等等，是摄影者学习的重要内容，也是学习摄影过程中的必修课。

本书编写凝集多年教学经验，学习过程以模块训练为主，将较为复杂的影棚学习和室内外现场光学习分开。在影棚技能学习中分为三个模块。第一模块：利用一盏灯拍摄七种光位，在实践中掌握不同光位塑造物体的特点；掌握测光表和闪光灯的使用方法。第二模块：利用两盏闪光灯拍摄不同的光比，掌握光比测量、计算方法；掌握光比不同与画面影调间的关系；掌握测量光比的方法。第三模块：综合运用光位、光比、影调、分区曝光、布光等知识，运用不同光型组合拍摄一个物体，并达到能运用光线塑造物体的能力。因此本书的章节设置按照模块训练进行划分，并采用分段实践的方法进行训练。每个模块下的实践紧贴理论知识点，在相关理论结束后针对该阶段的知识点安排训练目标和要求。由简入繁的学习过程，加强知识点的理解，增加读者学习的兴趣，在实践中掌握亮度平衡和分区曝光理论在摄影光线表现中的地位和作用，为未来的学习打下良好的基础。在室内外现有光线的学习中探索特殊光线表达，以及自然光与人工光相结合的拍摄技巧。

本书由赵欣主编，孙家迅、李文哲、徐国强、张宁参编。特别感谢在教材编写中爱玲珑公司提供的关于爱玲珑闪光灯的相关图片。

编　者
2015年10月

目录 CONTENTS

第一模块　光位

　　本模块讲述影棚用光中的基础，知识点包括光的基础、光线位置及其造型特点、测光表与闪光灯部件及使用方法。在此理论基础上安排相应的实践内容。学习者需要在该部分掌握测光表的测光方法；掌握闪光灯的使用方法；掌握不同光位的塑造特点。

第一章 光
Chapter 01

第一节　光的物理性质与摄影的关系

　　光是人类赖以生存的条件，与我们的生活、生产息息相关。人类世世代代在光的照明之下，认识周围的物质世界。在光线的作用下，人们在生活实践中知道雪是白的，花是多彩的，树是绿的；光也是多变的，正由于它的多变性给摄影者带来无限的机会，使千变万化的摄影拍摄成为可能。

　　那么，什么是光呢？

　　从物理学上讲，光是一种电磁波。但我们通常所说的光是指能引起人们视觉的那部分电磁波，称之为可见光。可见光的波长范围约在390纳米～770纳米，较长的波段呈现为红橙色，较短的波段呈现为蓝紫色。

　　"波长在0.77微米到1000微米左右的电磁波称为'红外线'；在0.39微米以下到0.04微米左右的称为'紫外线'。红外线和紫外线不能引起视觉反应，可以用光学仪器或摄影来察见发射这种光线的物体，所以在光学上光也包括红外线和紫外线。"凡波长小于0.4微米或大于0.77微米，不能为人眼所见的光，即为不可见光。

　　对于光线的物理性质我们并不陌生，在中学物理课中讲授过关于光的"波粒二象性"的知识。光线的传播，如同无线电波一样以波浪形式进行，两个相邻光波的波峰与波峰（或波谷与波谷）之间的距离即为一个波长，光波长度极小，一般以纳米为计量单位(每一纳米米相当于一毫米的百万分之一)。

　　光的量子论是指，光是由粒子构成的。量子从不同的光源中发射出来，并以高速直线传播，但当它遇到物体时，有些光线会被吸收，有些会被反射，有些会被折射，有些会被透射，等等。这些特性被称为光的物理特性。那么，怎么看待光的这些物理特性和摄影之间的关系呢？

一、光的反射性

　　光在传播过程中，从一种介质传到另一种介质表面时，部分光线又返回到原介质的现象称之为光的反射。光在反射的过程中都遵循"反射定律"，即当光线投射到光滑物体表面时，入射光线与法线的夹角和反射光线与法线的夹角是相等的，这就是光的反射定律。如图1-1所示，光线CO在传播过程中，遇到光滑物体表面AB时，部分光线，如OD又返回原介质。其中O为入射光CO与光滑物体AB的交点；EO是垂直于光滑表面的线，被称为法线。入射光与法线所形成的夹角为∠COE，反射光与法线形成的夹角为∠DOE，那么∠COE=∠DOE，这就是反射定律。

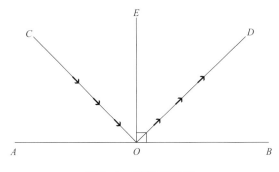

图1-1　光的反射定律

　　无论什么颜色、什么材质的物体都能对光进行反射，正是由于物体对光具有反射性，物体才能被人眼所看见。但所有物体的反射能力是不一致，因此构成了明暗不同的大千世界。正是由于对光线反射性质的利用，才使感光材料记录物体影像得以实现。

　　摄影不仅利用光的反射性将物象记录到感光材料中，摄影也利用光的反射特性再次照亮其他物体，形成柔和的光照效果。例如在拍摄照片的过程中常用白色卡纸或墙壁给物体进行补光，这种方法就是利用了光的反射特性。

　　在实际生活中，物体表面材质对光线的反射能力是不同的，按照物体对光反射能力的不同可以将物体表面分为光滑表面、粗糙表面等。在拍摄过程中也需要根据不同表面材质选择不同类型的光线对物体进行塑造。

二、光的散射性

　　光的散射性是指："当光投射到不发光的粗糙表面时，一部分光线会改变原来的传播方向，向各个方向反射的现象。或者光源在到达物体前被遮挡和干涉后产生的光线效果也是散射光。"例如阴天的太阳光在到达地面前要穿过云层、尘埃，这些大气介质对阳光具有吸收和散射作用，所以光线照度不高，形成的光照效果就是散射光。太阳初升和日落时，大气介质对光线影响最大，因为这个时期，阳光经过大气层的路径最长，被吸收、散射的影响比正午时要强。

　　光的散射性和摄影间有什么样的关系呢？散射光所形成的光照效果为：方向性不强，照度低，比较柔和；照明后的物体没有明显的受光面和背光面，影子不突出，

图1-2　阴天散射光效果/徐国强

反差不足，物体各个部分的细节能被较好地表现出来；物体表现缺乏立体感和空间感，如图1-2所示。

在拍摄透明和半透明的物体时，常采用散射光来塑造被摄体。摄影中利用散射光的例子有很多，例如影棚中在闪光灯前加装柔光箱，目的就是产生柔和的散射光效果。

利用散射光进行拍摄时，由于光线均匀，物体间亮度差值小而不易产生曝光失误。在这种光线照明下虽然容易形成温馨、浪漫的效果，但如果拍摄的场景或者景物本身色彩和亮度差别过小，最终形成的影像反差也会很小。在处理不当的情况下，整体影像会灰暗，层次感差。因此，在利用这样的光线塑造物体时，要注意主体选择。

三、光的透射性

光的透射性是指光在传播过程中遇到透明或半透明物体时，一部分光被吸收，一部分光被反射，还有一部分光透过物体的现象。光的透射性在生活中很常见，例如，大部分的酒瓶、饮料瓶、化妆品瓶都可以透过一部分光线，因此是半透明物体。又如，大气层也是透明体，每天太阳都是透过大气层到达地面，为地球上的生物提供赖以生存的阳光。

光的透射是有选择的，即只允许一部分光线通过，而阻止另一部分光线通过。光的透射性与摄影有密切关系。例如一个绿色透明的玻璃杯看起来是绿色的，是因

图1-3 添加橙色滤镜/徐洋   图1-4 添加蓝色滤镜/徐洋

为这个玻璃杯只允许部分绿色光通过，而将其他色光吸收的结果。光的这种特性也
常应用于摄影中。例如在拍摄彩色照片时，在镜头前加上特定颜色的滤色镜，光的
透射性使特定颜色的光线通过，而阻止其他光线通过。如图1-3和图1-4即为拍摄时
分别在镜头前加上橙色和蓝色滤色镜所获得的效果。不仅在彩色摄影中会利用滤色
镜滤掉一部分光线，在黑白摄影中也会利用滤色镜来增加照片的效果。为了拍摄的
需要，有时也会利用光的选择性透射原理，在人工光源前面加上色片。在镜头前加
上滤镜和在灯光前加上色片，都是在利用光的透射性原理。经过透明和半透明物体
透射过来的光线亮度要比原有光源亮度弱一些。

四、光的偏振性

对于光的偏振性，在修订版汉语词典中解释为：横波的振动矢量（垂直于波的
传播方向）偏于某些方向的现象；也就是说，光只在某个方向振动。作为电磁波的
普通光线，它的振动是在与光线垂直的平面内进行的，而且它的振动方向是均匀地
向着光波传播的四周；但是偏振光只限于在固定的方向传播。

在拍摄时，经常会利用光的偏振性来消除一些不利的光线。例如在拍摄具有较
强反射性的画面或者物体时，强烈的光斑会严重影响画面效果。这时可以在镜头前
加上偏振镜，通过旋转偏振镜的角度来消除耀眼的光斑。它的工作原理是：减弱和
滤掉部分光线，使部分反光因曝光不足而变得暗淡。

在实际拍摄中也可以利用光的偏振性进行摄影创作。例如拍摄蔚蓝的天空时，当相机所对的方向与光线照射方向成90度角时，拍出的天空会更加蔚蓝。

关于光的物理性质与摄影间的关系，摄影者应该在实践中慢慢积累，及时进行总结，方能获得指导实践的相关经验。

第二节　光的颜色与摄影的关系

利用光线表现被摄景物时，不仅要了解光线的物理性质，还要了解光的色彩变化与塑造物体间的关系。摄影师在拍摄彩色照片的过程中，虽然不会背诵彩色摄影的相关条文，但成功的摄影家，不会在没有掌握彩色摄影技能的前提下，每次都能拍摄出符合要求的照片。因此掌握光与色的相关知识，是摄影学习的必修课。

一、光的色散现象

在中学物理课上做过这样的实验：一束白光（例如：太阳光）透过光学棱镜后可以被分解，将分解后的光线投射到白色屏幕上，即可看到一条红、橙、黄、绿、青、蓝、紫七种颜色的彩色光带，这就是光的色散现象。这些依次排列的色光之间没有明显的界限。如果利用凸透镜把这七种颜色的可见色光重新聚合起来，又可以重新获得白光。这个实验告诉我们：白光是一种混合光，是由单色光按照一定比例混合而成。白光可以被分解，也可以被合成。

二、眼睛的色觉生理

我们之所以能看到颜色，是因为物体反射的部分光线作用于人的眼睛，并将眼睛所产生的刺激传递给大脑，从而使人产生视觉印象。在可见光谱当中，波长在400～500纳米范围内的色觉阶段为蓝色阶段；波长在500～600纳米范围内的色觉阶段为绿色阶段；波长在600～700纳米范围内的色觉阶段为红色阶段。不同波段的色光引起的色觉感受是不同的，从而构成了一个色彩斑斓的大千世界。不同波段的光线与色觉间的关系见表1-1。在七种颜色的可见光中，红色光的波长最长，紫色光的波长最短，依照波长排列的顺序为红、橙、黄、绿、青、蓝、紫。

人体生理学研究表明，眼睛之所以能够看到光和色，是因为视网膜中有柱体细胞和锥体细胞。柱体细胞可以感受光的强度，对光线明暗敏感。而锥体细胞在光线比较明亮时，能敏锐分辨出物体的颜色。但是，当光线强度发生变化时，人眼所看到的颜色与光的波长并不是完全对应的，据实验测定：黄色、绿色、蓝色的视觉特

表1-1　波段与色觉间的关系

波长（单位：纳米）	产生的色觉
400～430	紫
430～470	蓝
470～500	青
500～565	绿
565～590	黄
590～620	橙
620～700	红

性不变，而其他颜色的视觉反应随着光线强度的变化而变化。锥体细胞中含有视色素，因视色素的不同，视觉可分为三种感色单元：感蓝单元、感绿单元和感红单元。视觉对可见光谱中蓝色波段能产生色觉反应，称为感蓝单元；对可见光谱中绿色波段能产生色觉反应，称为感绿单元；对可见光谱中红色波段能够产生色觉反应，称为感红单元。如果三种感色单元受到同等程度刺激，便会产生中性色（黑白灰）的感觉。如果受到同等程度刺激量小，兴奋度较低，就会产生黑色的感觉；如果受到同等刺激的量中等，兴奋程度中等，就会产生灰色的感觉；如果三种感色单元受到同等程度的刺激量较大，就会产生白色的感觉。

如果三种感色单元受到刺激程度不同，便产生彩色的感觉。例如，如果红色光和绿色光等量辐射，并作用于人的眼睛，使眼睛的感红和感绿单元受到同等程度的刺激，便会产生黄色的感觉；如果红色光辐射量大于绿光就会产生橙色的感觉。如果三个感色单元受到的刺激各不相同就会使人的眼睛产生变化万千的色彩感觉。

三、光的颜色

在摄影表现中物体颜色的表达是摄影的重要技能，研究色光与物体色彩之间的关系有助于该技能的提升。在上面论述提到：有光才有色，色从光中来。但也有人认为在没有光的情况下，物体的颜色也是存在的，这种观点显然是错误的。因为在光线下，人眼才能看到物体并能分辨出物体的颜色。这是因为光线照射到物体后，部分光线反射到人的眼睛，从而使人眼内锥体细胞的不同感色单元产生不同程度刺激而产生不同色彩感觉。

不论是光源发出的光，还是物体反射出来的光，都会有其特定的颜色。也就是说每一种光线都带有色彩，如中午的日光接近于白色，日光灯偏蓝绿色，而白炽灯偏橙黄色等等。对于自然光而言，光的颜色还与天气、海拔、季节有关，也就是说不同的天气、季节光线的色彩都会发生变化。即使在相同季节，同在晴朗的天气下，相同时间段，间隔1～2天拍摄的照片也会形成不同的色彩表现。即使在一天中不同的时间段拍摄照片也会形成不同的色彩效果，如图1-5、图1-6所示。

图 1-5　清晨效果 / 赵欣

图 1-6　日落效果 / 赵欣

　　利用光线表现被摄景物时，不仅要了解光线的物理性质与摄影之间的关系，还要了解光的色彩变化与塑造物体之间的关系，只有这样才能自如控制个人的摄影表达。例如在摄影创作中，有时需要准确还原物体颜色，有时需要利用光与色的特性及色光非准确还原进行摄影创作。如图 1-7 和图 1-8 利用不同性质的光线准确将被摄体的颜色还原，而图 1-9 和图 1-10 在拍摄时利用相机设置没有将物体色彩准确还原的效果。因此掌握光与色的相关知识，并学会利用摄影技巧表达色彩是学习摄影的必修课。

图 1-7　校园/吴枭龙　　　　　　　　　　　　　　　　　　图 1-8　校园晨光/冉婧宇

图 1-9　沐浴/冉婧宇　　　　　　　　　　　　　　　　　　图 1-10　校园晨光/张佳

　　综上所述，每一种光线都有其特定的色彩。一天中太阳光照射下的物体颜色会随着时间、太阳高度的变化而变化。而在生活中，人们往往注意不到这种色彩的变化，那是因为人们的大脑对眼睛看到的色彩会按照视觉经验进行"矫正"。所以不管人们置身于哪种光照条件下，"白色"看起来总是白的，但是在利用相机拍摄时，相机记录色彩的能力并不能像我们的眼睛那样进行"自动"调节。因此在拍摄之前，要根据现场光的颜色和个人拍摄意愿进行色彩调节，以达到对光线色彩控制的目的。

四、色温与摄影

为了便于有效调动摄影手段对色彩进行控制，也为了方便描述光的颜色，在摄影中引入了"色温"的概念。那么什么是色温呢？一种标准黑体，如铁、钨等，在连续加热的过程中能发出不同颜色的光来，它说明这种辐射光的光谱成分随着加热温度的升高而变化。色温就是指该辐射光在发出不同颜色光时的温度值。色温的计量单位是开尔文（Kelvin），简称"开"。黑体加热以物理学上的绝对零度——零下273摄氏度为起点，即0摄氏度=273开。

在色温的概念中传递出色温是表示光源光谱成分，是光源颜色的一种度量，是描述热辐射光源颜色特性的物理量。为了描述光源颜色，选择了标准黑体作为计量的参照物。为了正确理解色温的概念，应该注意色温以下几个特点。

① 色温只描绘光源的光辐射特性，而不能描述物体颜色。比如，可以描述钨丝灯的色温为3200开，但不能说一块布料的颜色为3200开。

② 对标准黑体进行连续加热时，在低温状态下其辐射光的长波比例高，而在高温状态下其短波比例较高。对于实际光源来说，低色温的光源，如2800开，其长波成分多，光源呈现橙黄色；而高色温的光源，如10000开，短波成分多，光源呈现蓝色。

③ 色温所表示的是光源特定颜色特征，而不是光源发光时表面的实际温度。例如，钨丝灯的色温恒定为3200开或3400开。当刚刚开启该光源时，灯泡表面温度比较低，而开启一段时间后其表面温度就会升高。因此，这盏灯的色温不是指该灯发光时其表面的实际温度。

色温描述中，高色温的光源所含的蓝色光成分比较多；而低色温的光源所含的红色光成分多。摄影学上的标准日光为5400开，这是"平均中午阳光"或称作"摄影日光"。该数据是根据测量美国华盛顿地区从夏至到冬至中午太阳色温而获得的平均值。

不同的光源色温值是不同的，即使是在白天，不同时间段的太阳光色温也不同。电子闪光灯的色温为5500开左右；而碘钨灯、摄影钨丝灯的色温一般为3200开左右。在传统彩色摄影中，拍摄时为达到准确还原被摄体颜色，采用的方法是选择适合不同色温的胶片。按照色温来区分彩色胶片，胶片可分为日光型和灯光型两大类。日光型彩色胶片的标定平衡色温为为5500开，灯光型彩色胶片的标定平衡色温为3200开。日光型彩色胶片和反转片必须在色温5500开左右的光源下使用，才能获得准确的色彩还原；而灯光型彩色胶片和反转片要在色温为3200开左右的光源下使用才能获得准确的色彩还原。如果将日光型胶片在色温3200开左右的光源下拍摄，照片就会呈现橙红色，如图1-11所示。这张照片展示出了拍摄时光源色温与胶片类型不吻合的效果。又如在日出、日落色温较低的条件下，用日光型胶片拍摄景色，照片也会出现橙红的暖色调，如图1-12所示。因此，在拍摄照片的过程中并非要将相机白平衡或者胶片类型选择为其光源的标定色温，当拍摄现场的色温与拍摄过程中所使用的色温不一致时会得到与众不同的色彩效果。正是由于摄影具备这一大特性，为摄影创作提供了更宽阔的表现空间。

图1-11 日光型负片在火光下拍摄/赵欣

图1-12 日光型反转片在日落时拍摄/张佳

在彩色摄影中利用传统方法调整色温时，除了选择适合不同色温下的胶片类型，还可以采用在光源前加上滤光片或者在相机镜头前加上滤色镜的方法，或将两种方法相结合。

如今利用胶片拍摄照片已经成为个别摄影师创作的方法，而更多的摄影者愿意选择数码相机拍摄照片。数码相机与传统胶片相机对于色彩的调节方式是不同的。利用胶片拍摄时，为达到色彩平衡，摄影者可以选择适用于不同色温要求的胶片，或者选择在光源前加装滤光片或者在镜头前加滤色镜。而数码相机对于色彩调节要比传统胶片相机灵活很多。利用数码相机拍摄彩色影像时，在色彩方面的调节被称为"白平衡调节"。白平衡又称"白色平衡""色温补偿"。白平衡的作用类似于使用传统胶片拍摄时，在彩色摄影中加上色温滤色镜，以求获得准确色彩还原。白平衡的调节在不同型号的数码相机中分为手动和自动两种。手动调节可以根据个人拍摄的需要进行调节；自动调节是相机内的电脑系统根据不同的光源情况做出自动选择，也可以保证拍摄出来的色彩效果不会有太大的偏差。

如今使用的数码相机常见的白平衡模式有日光、多云、荧光灯、钨丝灯、阴影等，如图1-13所示。图1-14～图1-18为在室内现有光条件下，采用不同白平衡模式拍摄的照片效果。从图中可以看出不同的白平衡模式可以影响影像的色彩表达。不同品牌的数码相机在色彩调节方面有一定的差异，摄影者为追求精良的色彩表现，拍摄前应根据拍摄的实际需求与拍摄习惯对白平衡进行必要的调节。

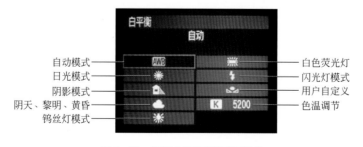

图1-13 相机内白平衡调节模式

图1-14　色温模式效果

图1-15　多云模式效果

图1-16　白色荧光灯模式效果

图1-17　钨丝灯模式效果

图1-18　阴影模式效果

在摄影实践中，我们体会到自然光是一种混合光。它的色温随早、中、晚时间段的变化而变化，也会随着天气阴晴变化而变化，也会伴随海拔的变化而变化。在晴朗的天气里，日出时色温较低，大约为2000～3000开；太阳升起以后，上午和下午色温会相对稳定，色温大约为4000～5000开；正中午时色温约为5400开，接近标准日光的色温；日落时色温又回落到与日出时色温相当的程度，约为2000～3000开；而当太阳完全落山之后色温又会急剧升高，这时不同色温的人工光源会被点亮，这段时间是拍摄夜景的最佳时刻。

摄影中影响物体色彩的因素除了光源色以外，还包括环境色、物体表面材质等。因此，在利用色彩进行表现时，可以利用的因素有很多，在不断的实践中慢慢积累会形成自己独特的风格。在理解色温在摄影中的作用以后，尝试用"摄影"的方式来看待周围的色光；开始学习用"摄影"的头脑对光线进行思考。

思考题

1. 光的反射性与摄影具有怎样的关系？
2. 光的散射性与摄影具有怎样的关系？
3. 什么是色温？请描述色温在摄影表达中的作用。
4. 利用胶片进行彩色摄影时，可以采用哪些方法调整到胶片的光源色温？
5. 摄影滤镜的滤光原理是什么？

实操

在光源不变的条件下，调整相机白平衡拍摄3～5张照片，体会色彩与摄影间的关系。

第二章　光的位置及造型特点
Chapter 02

　　我们每天都经历太阳从东方升起，从西方落下。太阳就是在东升西落的过程中改变着照明景物的方向。光的方向在塑造物体方面有很重要的作用，因为光线的位置决定着阴影的位置，决定着强调或者削弱物体的纹理和体积。在生活中，随着太阳照射角度的改变，被摄体表面上的质感、阴影位置、阴影面积也在不断发生着变化；而且随着阴影位置的变化，被摄物体在我们头脑中的整体印象、感觉，包括影调和色调也会随之呈现出不同的效果。也就是说景物被从不同方向投射来的光线照明，会产生不同的光影效果。在摄影中根据拍摄的主体、主题的需求，选择或布置光线的投射方向成为必需的选择。

　　按照光的投射方向与摄影者、被摄体之间的位置关系可将光的位置分为：顺光、前侧光、侧光、侧逆光、逆光、顶光、底光，如图2-1所示。选择适当的光线方向和角度，是从事摄影创作过程中不容忽视的一步。那么，从不同方向照射的光在塑造物体时具有哪些特点呢？

一、顺光

　　光的投射方向与摄影镜头所对的方向基本一致的光线称为顺光。用顺光照明的物体，光照比较均匀，且受光部分高达80%～90%。顺光照明后，物体所形成影子被自身所遮挡，所以画面内几乎没有阴影，物体表面没有明显的反差，效果如图2-2所示。顺光光位塑造物体所形成的影调柔和，因此不利用表现物体的立体感和空间感，也不利于表现空气透视。利用顺光塑造被摄物体时，画面明暗分布主要依靠主体本身的色调来配置，因此主体选择很重要。最好选择本身色调对比较强的物体，这样可以有效弥补顺光照明反差不足的现象。如果被摄体本身明暗对比不强，又利用

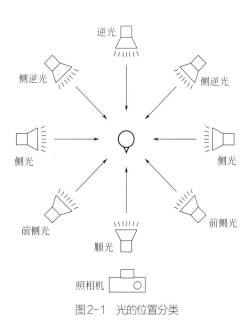

图2-1　光的位置分类

图2-2 顺光

顺光位置进行拍摄，所形成的画面效果就会像图2-3所示，影调缺少变化，灰平一片，层次相互叠加。顺光光位也不利于表现一些群众场面或者景物较多的画面。

顺光虽然有较多不尽如人意的造型效果，但顺光也能拍出好照片。利用顺光拍摄大场景时，能较好表达物体的色彩属性，如色别、饱和度和明度等，如图2-4所示。在早晚黄昏时刻，由于太阳角度低，顺光拍摄时，可以把镜头后面的投影加入画面内，加强画面情趣和色调配置。如图2-5、图2-6所示，巧妙利用周围环境的光影能产生强烈的效果，这种方法在拍摄风光时经常使用。

图2-4 顺光对色彩的明度、饱和度的表现较好/徐国强

图2-3　物体本身明暗对比不强，利用顺光塑造的效果

图2-5　收获的季节/赵欣

图2-6　利用相机后面的建筑投影/赵欣

　摄影光线造型基础

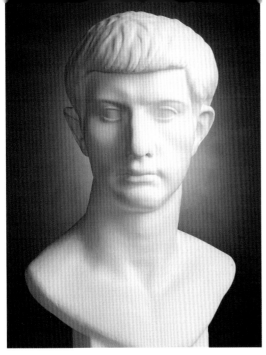

图2-7 前侧光（1）/赵欣

图2-8 前侧光（2）/赵欣

在室内影棚拍摄时，顺光常用作辅助光，是拍摄高调照片经常使用的光位。由于顺光照明后所形成的影调均匀而缺少变化，因此曝光控制比较容易，即使使用相机内的自动测光系统，也不会出现曝光失误。

二、前侧光

前侧光是指光线的投射方向与相机镜头所对方向成水平45度角左右的光线。和顺光塑造物体效果相比，它塑造的层次要更丰富一些，反差要强一些，照明效果如图2-7～图2-9所示。前侧光所照明的物体有明显的受光面和背光面，能够较好地表现物体的立体感、轮廓形态和质感，空气透视效果佳，创造出比较丰富的影调层次。前侧光对被摄体色彩的饱和度、明度有较好的表达。由于这种光线的受光面大于背光面，所以形成的照明效果比较明亮，易形成高调的效果。前侧光是使用频率最高的光位，也是拍摄人物肖像时主要造型的光位。用前侧光进行拍摄时，曝光控制相对容易，不容易出现曝光失误。

图2-9 荒芜，来自苍茫/苏雪晶

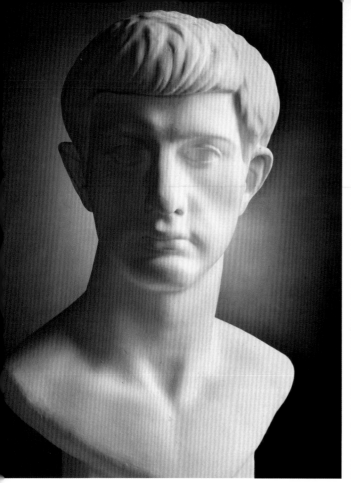

图2-10 侧光/赵欣   图2-11 同学/陈凯迪

三、侧光

　　光线的投射方向与摄影镜头所对的方向成水平90度角左右的光线称为侧光。被侧光照明的物体一面沐浴在光线里，另一面淹没在阴影之中，物体有明显的明暗两度对比。在侧光照明中，阴影也是造型的重要因素，在拍摄中应时常观察光影效果。侧光造型效果如图2-10、图2-11所示。利用侧光塑造物体时，要尽可能选择较为整洁的阴影来展现物体的外观。由于侧光塑造的物体具有明显的受光面、阴影面和投影，有利于在平面上表现对象的立体感、空间感，能将被摄体表面凹凸质感强化，因此侧光是表现物体纹理和质感十分理想的光线，形成的影调层次也比较丰富，如图2-12所示。侧光是较为常用的光线，常用于拍摄风光和景物比较多的大场景。

　　侧光塑造主体时，往往会造成主体阴阳各半的情况，如果在光比过大的情况下拍摄，利用相机内自动测光系统进行测光时，可能会造成曝光失误。

图2-12 最后的看门人/徐国强

四、侧逆光

侧逆光是指光线从被摄体的斜后方照射过来，光线的投射方向与镜头所对的方向成135度角左右，效果如图2-13、图2-14所示。

在选择侧逆光进行拍摄时，如果将主体衬托在较暗的背景下，被摄体的一侧会形成比较明显的轮廓线条，这是表现物体轮廓的有效手段。

在暗色背景下，利用侧逆光进行拍摄时，可以使主体与背景分离；这也是区分物体界限，常被采用的光位方向。侧逆光能较好地表现立体感、空间感，较好地表

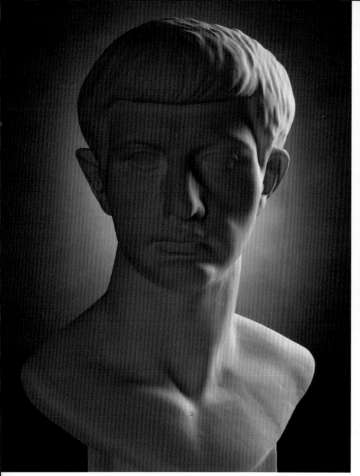

图2-13 侧逆光/赵欣　　　　　　　　　　　　　　　图2-14 乡村的清晨/赵欣

现空气透视。利用侧逆光塑造被摄体时，不利于表现物体的质感。因侧逆光作为主要造型光线时，往往主体大面积处于暗部，如果反差较强，主体将淹没在阴影中，或导致物体表面质感表现受损，如图2-15所示。但如果利用侧逆光塑造透明与半透明的物体却是另一番景象，如图2-16所示。由于侧逆光所形成的光影效果是背光面明显大于受光面，因此易形成比较暗的影调效果。侧逆光是拍摄剪影和半剪影作品常用的光线。

在侧逆光的条件下，如果受光面与背光面的亮度差值过大，容易造成曝光失误。

五、逆光

逆光是光线投射方向与摄影镜头所对方向成水平180度角左右，效果如图2-17所示。

逆光照明下的被摄体，由于光线从被摄体后背进行照射，主体正面处于阴影中，在光线强度较大的情况下，利用相机内部测光系统测光，往往主体曝光不足，容易拍摄出剪影效果，如图2-18、图2-19所示。但如果拍摄的是物体特写或近景时，最好在相机的位置进行一定量的曝光补偿或补光，使物体正对相机一面的质感得到更好的表现，确保主体造型效果。

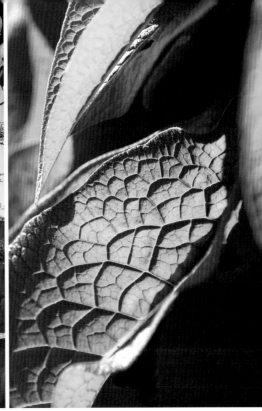

图2-15 侧逆光物体质感表现不佳

图2-16 叶子/孙家迅

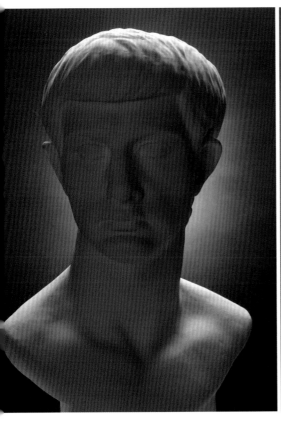

图2-17 逆光/赵欣

图2-18 Alone/张文娟

图2-19 丰收/徐国强

图2-20 乡村/赵欣

逆光下，将被摄体衬托在暗的背景下，有利于勾画出物体的轮廓线条；或者给被摄体镶上一条夺目的光环。如果处理适当，能创作出具有独特美感，并充满戏剧性的光影效果。逆光在摄影造型表现中能表达出空间的深度；有利于表现空间的透视效果。逆光所投射的影子有时可以创造出奇妙的戏剧色彩，合理地加以利用能拍摄出与众不同的照片，如图2-20所示。逆光时，也容易出现刺光现象。刺光现象是由于光线直接射入镜头所造成的，刺光易造成照片反差不足，影调层次缩减；但如果能利用好刺光进行拍摄也会得到比较满意的效果，如图2-21、图2-22所示。

图2-21　社火/赵欣

图2-22　古城/叶美玲

六、顶光

　　顶光是指光线来自于被摄体的正上方，与地面基本垂直，相当于在晴朗夏天中午的光照效果。顶光照明下的物体，只有向上的面处在受光面，而垂直面处在阴影中，因此水平面的亮度大于垂直面的亮度。利用顶光塑造人物时，如果光线照度较强，在人物的眼窝、鼻子底处会形成较浓重的阴影，像戴了墨镜一般，常常会丑化人物，效果如图2-23所示；因此在拍摄传统人物肖像时很少使用顶光来拍摄。如果利用顶光拍摄人像时，可以调动模特将头部稍微上仰迎合光线投射方向，也能获得较为满意的效果，如图2-24所示。利用顶光拍摄朝上面积较多的被摄体时，可以产生较为满意的光影效果，效果如图2-25所示。处在顶光照射下，如果景物间的亮度间距过大，就会形成"硬"的影调效果，如图2-26所示。在光照强度过强的情况下，容易造成曝光上的失误；在这样的情况下如想保留暗部的影调层次需要对暗部进行补光。

图2-25　时装摄影/余亦潼

图2-23 顶光/赵欣

图2-24 人像/李远征

图2-26 时装/鲁成龙

图2-27　底光/赵欣

七、底光

底光是指光线从被摄体下方照射，效果如图2-27所示。就照明位置而言，底光完全是一种人工光，因为在自然界中没有这样的照明角度。底光照明下的物体，水平面的亮度大于垂直面的亮度。这种光位照射下的物体，由于打破视觉常规，易产生异化的效果，如图2-28所示。尤其在表现人物肖像时，人物下巴、鼻子下方和眉弓骨下方都会被照亮，违反自然光线的照明规律，易形成诡异的感觉，常常丑化人物形象，因此刻画人物时要谨慎使用这种光位。

通过上述分析，体会到不同的光位照明对被摄体的质感会有相应地强化或减弱，其立体感也会被突出或弱化；照片的基调，也会因用

图2-28　城市小人物/莫少豪

光角度不同而有所不同。所以在摄影创作中应注意选择好光的位置。不论拍摄什么主题，作为摄影者在到达拍摄现场后要先停下来观察光线，围绕被摄体转一周，思考在哪个位置，用哪个光位拍摄更利于表现被摄体的特征，也就是利用摄影师的眼光观察周围的景物。拍摄像建筑、风光等较大的场景时，为主体选择光位的唯一方法就是等待，即等待太阳在哪个位置能获得较好的照明效果。等待之前摄影者应通过观察确定好拍摄角度，进而选择相应的拍摄时间。例如选择上午拍摄，还是下午拍摄；因为当确定好拍摄位置时，也许在日出时主体是处在逆光的照明条件下，而在日落时却是在顺光的条件下，根据拍摄的目的和要求，选择最佳的时间也是在选择不同的光位。

为了学习方便，在摄影中将光线位置简单分为这7种。但在实际光线方位运用中，围绕被摄主体360度立体空间上的任何一点都可以成为一种光位，因此在实践中应灵活加以运用。

思考题

1.顺光光位塑造物体的特点有哪些？

2.前侧光光位塑造物体时具有哪些特点？

3.侧光光位的造型特点有哪些？拍摄中有哪些注意事项？

4.侧逆光和逆光光位塑造物体具有哪些特征？利用逆光和侧逆光进行拍摄时，应注意哪些事项？

5.顶光光位造型特点有哪些？拍摄中的注意事项有哪些？

6.底光光位在塑造物体时具有哪些特点？

第三章　独立式测光表及使用方法
Chapter 03

现代135相机内部都安装有内测光系统，更方便于使用者简便、快捷地拍摄。正是由于具有内测光系统，大大降低了135相机的使用难度。而在实际拍摄中，相机机身内的测光系统不能完成所有的光照测量，有时需要借助独立式测光表来完成测光工作。尤其在使用较为特殊的光线进行拍摄时，为了更加精准地控制各个部分的影调效果，摄影者需要借助独立式测光表来完成相关工作。在利用中型相机或大型相机拍摄时，由于此类相机内没有测光系统，更需配备测光表辅助测光。在影棚中利用闪光灯进行拍摄时，由于工作方式的变化，即使利用具有内测光系统的135相机进行拍摄，也需要借助独立式测光表来获得准确曝光。因为在影棚中利用闪光灯进行拍摄时，相机内的反射式测光方式已不能测量光源瞬间发出的光线强度，因此需要借助独立式测光表获得瞬间光照强度。

测光表又称曝光计、曝光表，是专业摄影师，尤其是影棚内工作时必不可少的工具。它的作用是测量被摄体受到的光照强度，我们可以依据测光表给出的曝光值来选择所需要的曝光组合。在使用大中型相机拍摄时，需要使用测光表来测量光的强度（本章下面的论述用"测光表"代替"独立式测光表"全称）。

所有的测光表都可以测量连续光源，只有比较专业的测光表才可以测量闪光灯瞬间的光线强度。较为专业的测光表在机身上附有点测光功能，主要用于室外测量较远距离景物局部反射光的亮度。

第一节　独立式测光表外观

一、受光罩（测光球）

测光表重要附件之一就是受光罩，它是乳白色、半球形、半透明的外观，如图3-1所示。它的作用是模拟被摄体接受光源照射的情况，进而可以获得光源照射的数值。受光罩具有扩大测试角度，控制过多光线进入光敏软件的作用。

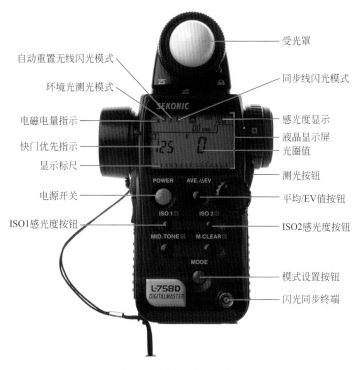

图3-1　测光表各部分名称

（图中标注文字）

受光罩

自动重置无线闪光模式

环境光测光模式

同步线闪光模式

电磁电量指示

感光度显示

快门优先指示

液晶显示屏

光圈值

显示标尺

测光按钮

电源开关

平均/EV值按钮

ISO1感光度按钮

ISO2感光度按钮

模式设置按钮

闪光同步终端

　　有些测光表还有平面受光罩。平面受光罩主要用于测量光比和平面被摄体接受光线照射的强度，并且能够测量连续光源和闪光灯混合运用状态下各自的照度。现代测光表的受光罩被设计成可以旋转露出或者完全隐藏于测光表内的模式。当受光罩的半球旋转到半隐藏状态时，可以测量平面的光线，而不必更换受光罩。这种设计方式也方便于测光表使用后的收纳，起到保护受光罩的作用。随着使用频率等人为因素，受光罩测光的敏感程度会受到影响，因此在不使用的情况下应加以保护。

二、光敏测量头

　　光敏测量头是测光表用来测量光线强度的部件，位于受光罩内部。不论专业测光表还是非专业测光表，都有可以感受光线的光敏测量头，它的主要任务是测量光线的强弱。

三、液晶显示屏（LCD显示屏）

　　每个独立式测光表都有其光值显示系统，而现代专业测光表的光值显示系统都采用LCD显示，也被称为液晶显示屏。这种显示屏的优势是：在昏暗光线条件下使用，背光会自动照亮整个屏幕，有利于在黑暗的条件下读取测光值。

　　光值显示系统会根据光敏测量头测量的光线强度给出相应的光圈、快门或EV值的读数。在显示屏中会显示ISO、显示标尺、T/TIME（快门的速度）和测量模式等，见图3-1。

1.ISO

独立式测光表在设计中都包含感光度的调节。每次利用独立测光表测光之前应检查其感光度的设置是否与相机所设置的感光度一致。当按下 ISO 按钮之后，并旋转转动盘便可以实现感光度的调节。

2.显示标尺

在液晶显示屏上，标尺显示方式一般有两种：光圈数显示标尺和反差显示标尺。标尺显示光圈数时，指针直接指在所测得光圈所在的位置。在反差显示模式时指针将显示在上下各三级内的变化，如图 3-1 标尺中所示。

3.T/TIME

在光值显示屏中 T 或 TIME 给出的是整级快门速度值。

4.测量模式

测光表的测光模式包含光圈优先、速度优先或多次测量取平均值等功能，甚至还有专门为视频拍摄的测光模式。

测光表还有闪光同步测量挡、非闪光测量挡和闪光非同步测量挡。在使用前要根据个人的需求进行选择。现代的测光表的功能比较多，在使用前应认真查阅说明书。

四、电磁

为测光表提供动力来源。

第二节　测光表的技术参数

受角和基准反光率是测光表两个重要技术参数。

一、受角

受角是测光表的光敏测量头测量光线的有效角度。普通测光表的受角在 30 度～45 度之间，这个角度与标准镜头视角基本相同。测光表测量连续光源的受角为 30 度；测量闪光灯的受角是 20 度。而受角小于 10 度的测光表被称为点测光表，当然这种测光表的测光方式是反射式测光。点测光表适合远距离测量被摄体局部反射光的强度。其中受角为 1 度的测光表可以测量更远距离光线的亮度，在利用大型相机拍摄风景类照片时经常会用到点测光模式。世光牌测光表的 558 和 758 等型号的测光表就都包含点测光模式。

二、基准反光率

在第一章光的反射性中，讨论过不同物体对光线的反射性是不同的。在光照相同的条件下，反射光线较多的物体称之为反射率高；对光线反射较少的物体称之为反射率低。正是由于景物反射率的不同才产生了明暗不同的影调。

测光表在设计中，将自然场景中包含的从暗到亮的所有物体亮度的平均值的18%的中灰值作为基准值，在摄影中被称为18%中灰值。现代测光表在设计时就是以自然景物的平均反光率作为基准反光率而设计的。因此测光表的基准反光率为18%中灰值。

第三节　测光表的测光方式及使用方法

测光表按照测光方式的不同可分为反射式和入射式。采用入射式测光方式测量光线时，给出的曝光读数是该光照条件下18%中灰物体的亮度值；而采用反射式测光方式测量时，得出的曝光值是将该物体视为反射率为18%的灰色物体给出的数值。

现代独立式测光表同时具备测量入射光和反射光的不同模式。在使用测光表测光前要按照测光方式选择"入射式"或"反射式"测光模式。在电子显示屏中反射光测量模式和入射光测量模式显示是不同的，使用时应多加注意。

一、测光方式与使用方法

1.反射式测光

（1）基本原理

反射式测光方式测量的是物体反射回来的光照强度。测光表在设计时是以自然景物的平均反光率作为基准反光率而设计的。因此，反射式测光表在测光时，将进入测光光敏软件亮度视为18%中灰值来看待；基于此给出的曝光组合常常与实际情况存在偏差。在黑色背景下拍摄黑色相机，反射式测光方式在测量光线时还将它作为"18%中间灰"来看待，因此按照测光表给出的数值进行曝光，本应在Ⅲ区甚至Ⅱ区的影调却被记录为Ⅴ区，照片中的黑色表现过于灰白。又比如拍摄雪景，反射式测光表也将雪作为"18%中间灰"来看待，按照测得的数值曝光，"雪"会曝光不足，被表现成如水泥般的影调层次。因此在这种情况下，摄影者在测光后应按照实际情况进行适当的调整，以保证照片影调表现正常。

反射式测光方式是假定场景中包含明、暗两度对比的物体，并且两者在场景中相对平衡。但在实际中物体的亮度变幻莫测，并非都是理想的状态，有时场景中物体间的明暗亮度对比很强，并且明暗面积不均，这样的光照条件可能造成测光失误。在利用相机内部测光系统和点测光表等反射式测光方式时，经常需要按照景物的实际情况适当调整曝光组合。

（2）测量方法

利用独立式测光表的反射方式测量光线时，需将光敏测量头对着被摄物体，测量从物体反射回来的光线强度，又称量度测量方式。相机内部测光系统都是反射式测光方式。利用反射方式获得光线强度时，测量准确度与测光距离、测量范围有关。

当距离被摄体近时测量的范围就小，能较为准确地测量出主体的亮度；距离远时，测量的范围大；更远的距离测得的亮度值基本上是被摄景物的平均亮度。因此，用此模式进行测量时，经常需要近距离对着被摄主体的特定部位进行测光。

利用点测光表测光时要仔细选择测量的地方，以保证拍摄的重点和细节很好地表现出来。如果直接按照点测光模式下测量的数据曝光，就是将该区域的影调处理在 V 区。如果该亮度在整个场景中趋于明亮，那很多物体的影调层次将淹没在阴影中（宜于形成低调）；如果该亮度在整个场景中趋于灰暗，将其影调安排在 V 区，那么更加明亮物体的影调层次将曝光过度（宜于形成高调）。

2. 入射式测光

（1）基本原理

入射式测光方式测量的是照射到主体上的光线强度，又称照度测量方式。因此，测光是在被摄主体的位置，将光敏测量头对着相机或光源方向测量光线强度。以入射式测光方式获得的曝光值是在该光线强度下18%中灰物体的曝光值；因此可以按照测得的曝光值直接拍摄，不用进行影调区域的换算。

如今独立式测光表都是既可以测入射光又可以测反射光，既可以测连续光源又可以测闪光灯。

（2）测量方法

测量入射光，也就是测量照度时有两种方法：

其一，将测光表置于被摄体的位置，将光敏测量头由被摄体方向指向相机方向。这种测量方式测得的是被摄体受光面和背光面的平均照度。

其二，将测光表置于被摄体的位置，将光敏测量头由被摄体方向指向光源方向。这种测光方式测量的是光源的照度。

第一种测量方式适合测量顺光和前侧光，因为，当光位为逆光和侧逆光时，光敏测量头处在大面积阴影中，测量的曝光值不准确。所以，在利用逆光、侧逆光作为主光时，用独立测光表测光时应采用第二种方法——测量光源的照度，以获得准确的曝光值。

如果拍摄条件是室外没有云层遮挡的直射光，所有物体受到阳光照射强度一致。在这样的条件下，测量入射光的照度可以在拍摄位置上进行，即将测光表的光敏测量头由拍摄位置指向拍摄相反的方向，或由拍摄位置指向光源方向，但要注意被摄主体是否在阴影下。

二、闪光灯的测量方法

闪光灯照明物体的方式是瞬间照明，只有触发时才发光，因此，它的工作方式与连续光源完全不同。对闪光灯进行测量光照强度时要选用具有测量闪光灯功能的测光表。当然测量闪光灯强度，只能采用入射式测量模式，也就是只能在被摄物体的位置上测量闪光灯的强度。因为闪光灯被点亮的瞬间时间很短，不足以获得反射光的光值。

测闪光灯的方法为：测量画面内各种光型的照度，而后根据个人拍摄的要求调整闪光灯输出量，并确定曝光组合。

测光表测量闪光灯强度时有两种挡位：同步测量和不同步测量。同步测量是把测光表的测光功能调整到闪光同步挡，如图3-1所示；然后利用闪光连线将测光表和闪光灯进行连接，当按下测量按钮时，同步装置就可以触发闪光灯闪光，测光表就会得出闪光灯闪光时的数值。而不同步测量是把测光表的功能调整到自动重置无线闪光模式挡位，测量时需要提前按下测量按钮，这时在光值显示屏中会有标志闪烁；然后触发闪光灯就可以得到闪光灯闪光时的数值。这两种方法都可以得到闪光灯闪光时准确曝光值。

三、光比测量方法

1.同时打开主光和辅助光

在利用连续光源进行拍摄时，测量主光与辅助光的光比时，可以将主光与辅助光同时打开，并测量不同亮度区域的反射光。

2.测量主光时关闭辅助光，测量辅助光时关闭主光

这种测量方式主要测量入射光照度。该方法适用于连续光源下测量光比，也适用于闪光灯照明下测量光比。

思考题

1.测光表的基本部件有哪些？
2.点测光表的受角是多少？
3.什么是基准反光率？
4.反射式与入射式测光方法有何不同？
5.如何测量光比？

第四章 闪光灯
Chapter 04

在照片拍摄过程中，不是所有光照条件都符合拍摄实际需要。当光照强度、光照角度等条件不能满足拍摄需求时，拍摄者可以根据个人拍摄经验调整拍摄机位、相机设置，或者利用外来人工光源对被摄体添加照明。在摄影中，用以补充照明的设备以闪光灯为主。

闪光灯与连续光源不同之处就在于光照持续时间的不同。例如：太阳光在拍摄曝光之前、之中、之后，其光线强度、性质基本不会改变，都是处于持续照明的状态；而闪光灯不同，它只是在拍摄时或被人为触发时才发出强光。

第一节 闪光灯的基本构件

按照体积大小和使用方式的不同，闪光灯可分为两大类：一类为直接安装在135相机顶部或置于相机内部的小型闪光灯，俗称电子闪光灯；而另一类就是在专业影棚中使用的大型闪光灯。

一、闪光灯泡

闪光灯泡也称闪光灯闪管，它是闪光灯的主要部件，它的质量直接影响闪光灯的品质。闪光灯灯管内分布两个分离的电极和惰性气体，通过惰性气体的突然接通而产生放电，因此会产生光照。也就是说在闪光灯管内部充满着某种惰性气体，在没有触发时，惰性气体不会导电，进而不会产生光照；而当触发闪光时，高压电荷会将闪光管内的惰性气体电离为导体，灯管两极被接通就会产生耀眼的强光。当放电后惰性气体又恢复不导电的状态，每次发光都需要触发惰性气体使其再次被电离为导体，才能再次发光。大型闪光灯灯泡被制作成环形形制，如图4-1和图4-2所示。

图4-1　爱玲珑闪光灯环形闪管

塑型灯泡
闪光灯灯泡

图4-2　爱玲珑闪光灯

二、塑型灯泡

　　闪光灯上的塑型灯，也叫造型灯，是摄影室闪光灯不可缺少的辅助光源，如图4-2所示。由于闪光灯是瞬间发光，摄影者在布光过程中无法通过瞬间闪光的光线观察其塑造物体的真实形态；而塑型灯由于被置于环形闪光灯灯管中部，因此可以模拟出闪光灯发光的光照效果，塑型灯泡的作用就在于此。当然塑性灯也可以作为拍摄照明光源使用，塑型灯的光源色温与闪光灯不同，其色温为3200开左右。

三、调解系统

　　每个大型闪光灯的后部或者侧面都有可以调控闪光灯的装置。在此装置中一般包含总开关、功率调解钮、充电完毕蜂鸣开关、塑型灯开关、闪光指示灯、光控开关等，如图4-3和图4-4所示。

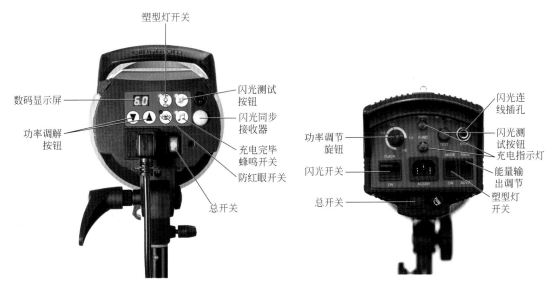

塑型灯开关

数码显示屏

功率调解
按钮

闪光测试
按钮

闪光同步
接收器

充电完毕
蜂鸣开关

防红眼开关

总开关

图4-3　爱玲珑闪光灯调解盘

功率调节
旋钮

闪光开关

总开关

闪光连
线插孔

闪光测
试按钮
充电指示灯

能量输
出调节

塑型灯
开关

图4-4　光宝闪光灯调解盘

光控开关：当打开光控开关时，其他闪光灯接通闪光时能引发此灯一起闪光。

充电完毕蜂鸣开关：打开该开关时，当闪光灯回电达到100%时有回声。

功率调解按钮：可以调节闪光灯输出量的大小。

闪光指示灯：当闪光指示灯亮起时表示闪光灯已被充满电量，可以再次拍摄。摄影中将闪光灯放电后，再次充满电的过程称为回电。现代大部分闪光灯采用的是两种不同颜色指示灯来表示回电的情况。当红色指示灯开启时表示回电已达到70%，当绿色指示灯开启时表示回电已达100%。

四、闪光灯配件

1.柔光设备

为了使影棚中使用的大型闪光灯光照效果更加柔和，会在闪光灯的前面加上能使光线散射的设备，根据外罩形状的不同，柔光设备可分为柔光箱、反光伞、透光伞等。

（1）柔光箱

柔光箱的尺寸一般为40～200厘米之间，如图4-5所示。尺寸小的柔光箱光效可能不会照亮整个画面，光照范围相对小而集中，可以获得强调中心和重点的效果。柔光箱尺寸越大照射的范围也越大，光效也越柔和。尺寸大的柔光箱适合拍摄群体人像或大型被摄体。

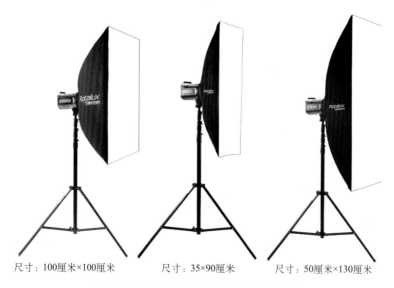

尺寸：100厘米×100厘米　　　　尺寸：35×90厘米　　　　尺寸：50厘米×130厘米

图4-5　不同尺寸的柔光箱（爱玲珑品牌）

柔光箱的形状分为方形、长方形、条形、八角形等。柔光箱形状不同塑造的光照效果也会不同。如条形的柔光箱打造的光效狭长，适合打造背景光和人物肩部的轮廓。同一品牌不同尺寸、不同形状的柔光箱可以安装在该品牌的任何一个闪光灯上。被安装到闪光灯上的柔光箱可以任意旋转角度，方便拍摄的实际需要。柔光箱可以拆卸、折叠，便于场地转换时的搬运。

（2）反光伞

反光伞的作用与柔光箱相同，都是使光源的光线产生散射，形成较为柔和的光效。与柔光箱相比，反光伞产生的光线角度更加宽泛。因为反光伞的光源照射的是反光伞而不是被摄体，利用反光伞反射回来的光线照射被摄体，因而照射的角度更宽泛。

小技巧 反光伞是闪光灯柔光设备中使用较为普遍的装置，常在小型照相馆和小型商业影棚中使用。它体积小，拆装方便，深受不同层次摄影者的喜爱。

反光伞的大小是以直径来计算，直径越大柔化光线效果越好，照射的范围也越大。

反光伞的伞内部涂有反射涂层，如银色、金色。银色反光伞反射的光最强，而且反射光的色温接近摄影日光，如图4-6所示；金色反射伞反射光可以使人物肤色变暖，如图4-7所示。也有柔和白色表面的反光伞，这种反光伞将光线散射的效果最好，反射光线的范围也最广，如图4-8所示。

（3）透光伞

透光伞是用白色的透光布制作而成，材质与柔光箱材质相同，如图4-9所示。透光伞与反光伞不同，透光伞光源照射的是被摄体，因而光照效果更集中，易突出主体。

（4）柔光屏

材质与柔光箱相似，为半透明如屏风般的大型柔光设备，可置于闪光灯的前方，创造的光效更加柔和，适用于大型被摄体拍摄，如图4-10所示。

图4-6　银色涂层
（爱玲珑品牌）

图4-7　金色涂层
（爱玲珑品牌）

图4-8　白色表面
（爱玲珑品牌）

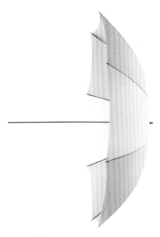

图4-9 透光伞（爱玲珑品牌）

图4-10 柔光屏

（5）柔光帐篷

该设备的材质为半透明白色，围绕在被摄主体周围，而不是围绕在光源四周。光线在柔光帐篷外面照射，如果光源前方已配有柔光装置，如柔光箱等，再经过柔光帐篷的散射作用其光照效果会更加均匀、柔和。

柔光帐篷适合拍摄反光较强的金属设备，在商业摄影中使用频率比较高。

2.反光罩及其配件

（1）碗状反光罩

碗状反光罩能使光源更加汇集，并且反光罩的内部涂有银色反光涂层，能有效增强光的效能；因此光照效果具有直射光的特点。反光罩按照直径大小的不同可分为很多型号，如光宝闪光灯的反光罩分为14厘米、18厘米、28厘米、30厘米等不同的尺寸（图4-11）。爱玲珑品牌的反光罩分为21厘米50度标准罩（图4-12）、21厘米

图4-11 光宝闪光灯反光罩

65度合并式反光罩（图4-13）、16厘米90度广角反光罩（图4-14）；24厘米超广角反光罩（图4-15）等。也有专为背景打光的背景反光罩，罩的外观为具有一定倾斜角度的椭圆形，如图4-16所示。碗状反光罩一般需要配以蜂巢使用，如果不安装蜂巢直接使用，光线性质会很硬。

（2）雷达罩

雷达罩也是碗状反光罩的一种，罩的内部涂有银色反光涂层。雷达罩与普通碗状反光罩不同之处在于：在光源的前方有圆形的阻光装置，如图4-17所示，因此打造的光照范围大，高光部位耀光细小，效果比普通碗状反光罩柔和。

小技巧　通过雷达罩塑造的人物能更好表现人物的肤色和皮肤质感，因此也称美人罩。一般雷达罩尺寸有直径为40厘米、55厘米、70厘米，尺寸越大的光线越均匀。

图4-12　21厘米50度标准罩（爱玲珑品牌）

图4-13　21厘米65度合并式反光罩（爱玲珑品牌）

图4-14　16厘米90度广角反光罩（爱玲珑品牌）

图4-15　24厘米90度超广角反光罩（爱玲珑品牌）

图4-16　背景反光罩（爱玲珑品牌）

图4-17　雷达罩（爱玲珑品牌）

（3）束光筒

束光筒的外形如图4-18所示，因此打造的灯光效果集中，并且区域小。拍摄中常用于塑造人物的头发、背景等；也利用这种设备给被摄体局部打光。束光筒光照效果很强，属于直射光，会在被摄体的表面形成很清晰的光阴；因此这种设备在使用时常与蜂槽配合使用，如图4-19所示。

图4-18　束光筒（光宝品牌）

图4-19　束光筒（爱玲珑品牌）

（4）四叶挡光板

被安装在闪光灯碗状反光设备的前方，遮挡部分光线，其可以折成不同的角度，从而控制光束的走向和宽窄。挡光板中间留有卡槽，可以安装蜂巢和色片，如图4-20所示。

（5）色片

在闪光灯的前面加上各种颜色的色片，可以调整到达被摄体的光照色彩，从而改变物体的影调和色调，如图4-21所示。图4-22为拍摄时在被摄景物左侧闪光灯上添加蓝色色片所形成的光照效果。

图4-20　四叶挡光板（爱玲珑品牌）

图4-21　色片（爱玲珑品牌）

（6）蜂巢

蜂巢是带有栅网的设备，用于大型闪光灯不同外罩的前面。如今在柔光箱和反光设备装置前方均有这种柔光设备，如图4-23和图4-24所示。配在反光设备前方的蜂窝槽被设计成角度不同的栅网，角度越小的栅网柔光效果越明显，如图4-25所示。

图4-22 闪光灯前添加蓝色色片效果/赵欣

图4-23 加装在
柔光箱前栅网

图4-24 加装在反光罩前
的蜂巢（爱玲珑品牌）

图4-25 不同角度的蜂巢
（爱玲珑品牌）

3.灯架

大型的闪光灯经常要在专业的灯架上使用。灯架有大小高矮不同区别，如图4-26所示。一般可以升到较高位置的灯架自重比较大，因为在抬高灯具时需要提供稳定的支撑。也有为打造背景或逆光效果而设计的地灯架（如图4-26最右侧灯架）。还有为打造自上而下光照效果的灯架设备——平衡悬臂架、横臂架等，这种灯架主要打造顶光效果，在拍摄人像时常做发光光位。

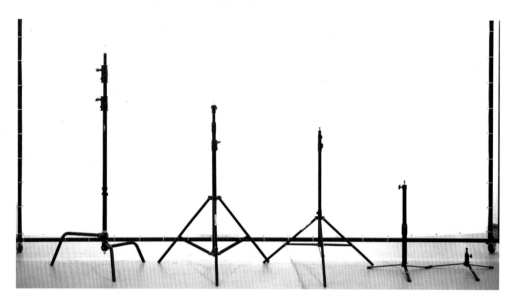

图4-26　不同型号的灯架

4.收纳箱

可以将大型闪灯装入其中，方便搬运和收藏，如图4-27所示。

5.闪光同步装置

闪光同步装置是实现照相机同步触发闪光灯的装置；即在相机快门完全打开时，闪光灯触发。如今闪光同步装置分为：数码引闪器和闪光连线两种。数码引闪器也称无线触发器，该装置分为两个部分，一部分为触发器，安装在相机的热靴上，如图4-28所示；另一部分为接收器，安装在闪光灯上，如图4-29和图4-30所示。使用时将发射器与接收器频道调节一致即可实现触发闪光。

闪光连线是通过实体线将相机和闪光灯连接，实现拍摄时触发闪光灯。如今闪光连线主要应用于中画幅和大画幅相机与闪光灯的连接，而135相机触发闪光灯以使用数码引闪装置为主，因为135相机上只有专业级的相机上才有可以连接闪光连线的插孔。

6.反光板

反光板的作用是给阴影区补光，适合任何场景的拍摄。购买的反光板以圆形为主，这种形状方便收纳，折叠后尺寸很小。打开后，反光板如图4-31所示。反光板尺寸变化较大，尺寸面积越大反射光线的范围越大。反光板距离物体的远近也会影

图4-27 收纳箱（爱玲珑品牌）

图4-28 触发器（爱玲珑品牌）

图4-29 接收器（爱玲珑品牌）

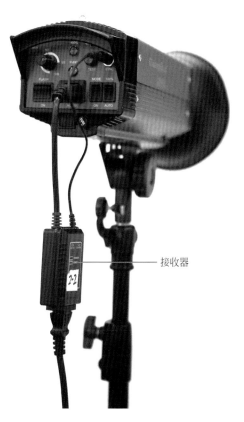

接收器

图4-30 接收器
（光宝品牌）

图4-31 反光板

响反射的效果，距离物体近反射的作用强，光线也会硬一些。

7. 吸光板

在影棚拍摄中不仅需要能反光的板子，有时也需要吸光的板子。这种能吸收光线的板子在摄影中被称作吸光板。吸光板可以用黑色的绒布或者黑色的卡纸制作而成。它的作用是可以吸收多余的光线，打造更加深沉、阴郁的光影效果。

第二节　闪光灯的特性及相关概念

闪光灯与连续光源不同，只有点亮时才会发光，并且光照时间极短。不论是电子闪光灯，还是影棚中使用的大型闪光灯，它们具有共同的特性。下面主要讲述闪光灯的特性和闪光灯的相关概念。

一、闪光灯的特性

闪光与连续光源相比具有以下几个方面的特点。

1. 发光时间短

闪光灯发光持续时间很短，现代闪光灯的闪光持续时间为1/1000 ～ 1/50000秒之间。闪光灯发光的特点为摄影凝固运动中的物体带来了方便。

2. 光线强度高

闪光灯发光瞬间所产生的光照强度很高，即使是电子闪光灯每次发光的光照强度也相当于几十只或上百只100瓦钨丝灯共同发光时的照度。因此能为拍摄提供有效的光照。

3. 色温稳定

闪光灯不仅发光持续时间与太阳光不同，它的颜色和表面温度也与太阳光有很大的差别。不同品牌闪光灯的色温虽然略有不同，但闪光灯光源色温基本与标准日光色温相同——5400开左右。因此拍摄彩色影像时，在闪光灯照明下，选用日光型胶片拍摄会得到准确的色彩还原；而选用数码相机拍摄时，在拍摄前需将白平衡调至"闪光模式"或选用"K"挡模式。如在"K"挡模式下，将色温调整到5400进行拍摄能将物体的固有色准确还原。如果想精确白平衡与闪光灯的色温设定是否一致，在使用闪光灯之前需仔细查阅闪光灯使用说明书。色温是闪光灯重要的技术参数之一，理想的色温可以使照片色彩达到完美的效果。

二、闪光灯相关概念和术语

1. 闪光同步

闪光同步指进光尺幅将底片完全暴露的最高速度，是针对相机快门速度而言，无论哪个品牌的相机都有快门完全打开的速度。对于帘幕快门而言即第一帘幕到达终点，而第二帘幕正要开启，闪光灯此时点亮，对应的最高快门速度称为闪光同步速度。闪光同步就是指在相机快门完全打开的瞬间触发闪光灯闪光，从而使整个底片接受均匀的照明。因为闪光灯发光速度短暂，如果在快门没有完全打开时闪光，就会造成只有部分底片曝光，而部分底片没有曝光，如图4-32所示，这样的效果被称作闪光不同步。现代135相机闪光同步一般为1/125秒，也就是说快门在低于1/125秒以下时都有完全打开的瞬间，可以实现闪光同步。

图4-32　闪光不同步效果（快门速度1/320秒拍摄）

闪光同步不仅和快门速度有关，还与开门的种类有关。在照相机课程中讲授过快门分为两种：一种为镜间快门；一种为帘幕快门。

（1）镜间快门闪光同步

镜间快门运动方式是由中心向外打开，然后再闭合，全过程所使用的时间就是该次快门的速度。镜间快门每挡都有完全开启的瞬间，因此可以实现所有快门速度的闪光同步，就是说这种类型的相机与闪光灯配合使用时快门速度不会受到限制。镜间快门最高速可达1/500秒，这样的快门速度也可以实现闪光同步。中画幅及大画幅相机采用的就是镜间快门开启方式。

（2）帘幕快门闪光同步

其实闪光同步主要是针对帘幕快门而言。帘幕快门的运动方式是由两个帘幕先后开启，根据第二个帘幕启动快慢所产生的进光尺幅而确定快门的快慢。也就是说只有当第一个帘幕已到达，而第二个帘幕刚刚启动的瞬间进行闪光才能使底片全部曝光。如果当第一个帘幕行进到一半时，第二个帘幕就开始启动，而在这样的条件下闪光灯闪光就会造成部分底片没有曝光，不能实现闪光同步。

对于纵向走式的焦点平面快门而言，要求在曝光时两层快门帘幕之间的宽度为24毫米；而横向走式的焦点平面快门的宽度为36毫米。横向帘幕快门进光尺幅完全打开的最快速度为1/60秒，因此1/60秒就是该种快门的闪光同步时间。低于这个快门速度都能实现闪光同步，高于这个快门速度的则不能实现闪光同步。纵向运动的帘幕快门，因为距离相对较短，进光尺幅完全打开的速度可为1/125秒。即纵向帘幕快门的闪光同步时间为1/125秒，低于这个速度可以实现闪光同步。闪光灯同步速度也是评价照相机性能的一项重要指标，闪光同步速度越高越好。

帘幕式快门的闪光同步分为两种：前帘闪光同步、后帘闪光同步。前帘闪光同步是第一帘幕刚到达终点就点燃闪光灯的方式称为前帘闪光同步。后帘闪光同步方式是在第二帘幕开启前的一瞬间触发闪光灯。后帘闪光同步模式适合夜景慢速拍摄运动中的物体。例如在夜间，利用慢门拍摄行驶中的汽车，在不开启闪光灯的情况下只会拍到汽车灯留下的轨迹。若在快门开启时，在闪光灯的有效范围内点亮闪光灯，清晰的汽车形象会留在画面中。利用慢门闪光拍摄夜间行驶的汽车，可以采用前帘闪光同步，也可以采用后帘闪光同步。若采用前帘闪光同步方式来拍摄，则是闪光灯先将汽车固定，然后再由汽车尾灯在底片上留下轨迹。拍摄的照片效果为凝固的汽车，并在汽车行驶的前方有一条光的轨迹，效果违反我们的视觉感官。而用后帘闪光同步方式，则是汽车在前，后面拖着光带，比较自然。后帘闪光同步要与慢速快门配合使用时才能生效，此时的快门速度一般要低于1/60秒。在摄影实践中，可以充分利用闪光同步的原理拍摄出效果不同的照片。

通过上面的分析可以得出：闪光灯作为光源拍摄照片时，其曝光只与光圈有关，与快门速度没有关系。即：低于闪光同步以下的速度都能实现闪光同步，但在实际拍摄中也不能将快门速度放得过慢。因为即使在较暗的光照条件下进行拍摄，如果快门速度过慢，当闪光灯照明结束后，快门还在长时间开启的状态，周围其他的光线还在继续曝光，在这种情况下不仅会造成曝光失误，也会造成周围物体影像的虚化。

当然利用不同的快门速度与闪光灯配合方式，可以获得效果迥异的照片。因此闪光与快门速度配合的拍摄方式也是摄影技巧之一。

2.回电时间

"闪光灯每次闪光之后，到电容器再次完成充电，为下一次闪光做好准备所需的时间称为回电时间。"不同品牌的闪光灯回电时间会有较大的区别，电子闪光灯和大型闪光灯的回电时间不同。对于电子闪光灯而言回电时间不仅与闪光灯的设计有关，还与所使用电磁的品质和电磁存电量有关。当电磁被使用的时间较长，存电较少时回电时间会变长。对于摄影者而言很多情况下需要回电时间短，例如利用电子闪光灯拍摄突发类新闻事件时，回电时间越短越有利于瞬间的抓拍和抢拍。

3.闪光灯的功率

闪光灯的功率是指闪光灯最大输出功率。也就是说每个闪光灯在生产时就被制作成功率大小不同的强度。闪光灯的功率用闪光指数和输出能量来表示。

（1）闪光指数

闪光指数是指闪光灯最大闪光量，简称"GN"。是闪光灯的生产厂家根据闪光灯的功率，为了方便使用和考量闪光灯的性能而提供的数据。它的测定方式一般为，在使用标准罩的情况下，感光度100，2米距离测定而获得。电子闪光灯的闪光指数基本在16～45之间。闪光指数16左右为小功率；30左右为中等功率；而40以上就是大功率。功率大的电子闪光灯相对价格高，体积大，重量大，有效闪光距离远，便于使用反射方法进行拍摄，也便于使用小光圈进行拍摄。较为专业的电子闪光灯的输出光量可以调节，可以选择全光输出，也可选择1/2、1/4、1/8、1/16等不同的输出量，电子闪光灯不同输出量拍摄效果如图4-33～图4-36所示。可调节输出量的电子闪光灯便于在逆光和侧逆光条件下，对主体暗

图4-33　闪光输出量为1/8

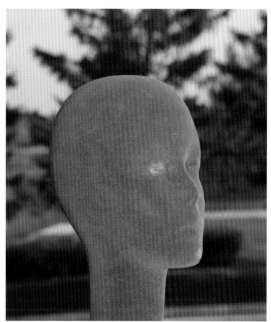

图4-34　闪光输出量为1/16

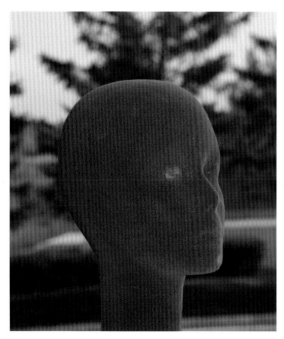

图4-35　闪光输出量为1/32

图4-36　闪光输出量为1/64

部进行补光。非全光量输出的补光方式不会破坏现场光效果，又可以增加主体暗部影调层次。

闪光指数虽然是恒定不变的，但与拍摄时选择的输出光量和使用的感光度、光角都有关系。因此，使用前应认真阅读每个闪光灯的说明书。

（2）大型闪光灯的功率

影棚使用的闪光灯功率大小按照输出能量和闪光指数共同标记，其标注的输出功率越大表示最大闪光的能量越大。不同品牌的大型闪光灯按照输出功率的大小厂家都有不同的标注方式，如光宝LB猎豹系列按照输出能量被分为LB300、LB400、LB600、LB1000等型号，各自的闪光指数为56、64、76、100。大型闪光灯闪光强度也是可以调节的，即通过调节灯体操控盘中的功率调节旋钮来完成输出光量的调解。

三、特殊闪光灯

为特殊用途拍摄而设计的闪光灯称为特殊闪光灯。如水下使用的水下闪光灯和环形闪光灯等。

1.水下闪光灯

这种闪光灯主要配合防水相机，在水下拍摄使用。这种闪光灯具有防水性和抗拒水下压强的能力。

2.环形闪光灯

环形闪光灯是电子闪光灯的一种，使用时将闪光灯套在镜头上，如图4-37和图4-38所示。环形闪光灯照明均匀，塑造出无影的光照效果。这种闪灯主要用于科技摄影拍摄，如医学口腔及腹腔手术拍摄等，也常用于工业摄影的拍摄。环形闪光灯的闪光指数一般比较小，只有GN10左右；因为在使用环形闪光灯拍摄时，多数情况需要近距离拍摄，如果闪光指数过高会造成曝光过度。

图4-37　环形闪光灯（爱玲珑品牌）

图4-38　加装柔光设施（爱玲珑品牌）

第三节　电子闪光灯使用方法

一、相机与电子闪光灯的同步

不论是电子闪光灯还是大型闪光灯，在使用时需要与相机连接，以实现快门完全打开的瞬间引发闪光灯。电子闪光灯与相机连接的最常用方式是将闪光灯置于相机的热靴上，当按下快门拍摄时即可触发电子闪光灯。

大型闪光灯与相机的连接方式有实线和电子触发两种，实线连接要求相机机身上存有可以连接闪光灯的闪光连线插孔。如今实线连接方式主要应用于120相机和大型相机。

电子闪光灯与135相机连接除了热靴的直接连接方法，也可以利用实线或者引闪器连接。但利用实线连接时，实线的长度一般为1.5米，会限制闪光角度和距离；而利用数码引闪器连接可以减少拍摄时各种线的缠绕和限制。

二、电子闪光灯使用方法

目前，很多电子闪光灯内配有测量距离的软件，可以控制电子闪光灯根据相关距离自动控制闪光灯的发光强度，使拍摄得到正确的曝光。电子闪光灯的光照效果很硬朗，是典型的直射光。如果想获得较为柔和的光照效果，需要在闪光灯前方加上白色的柔光片，或者蒙上白色的纱布。

1.直接机顶闪光法

直接机顶闪光法就是将电子闪光灯装在相机的热靴上，直接向被摄体闪光的方法。这种方法简单容易操作，并且能最大效能地利用闪光灯的亮度，使用频率最高。使用这种方法拍摄时，如果采用横构图拍摄，获得的光位为顺光，因此主体缺乏立体感，效果如图4-39所示。即使采用竖构图，虽然光线偏离在一侧，但讨厌的黑影

图4-39　横构图，直接机顶闪光拍摄

和平板的造型效果也不会得到改善，效果如图4-40所示。

2.离机法

离机法就是利用闪光同步线或者数码引闪器将电子闪光灯离开相机使用。这种方法可以避免在背景上产生浓重的黑影；又可避免拍摄肖像时，在人的眼睛上形成"红眼"效果。离机法拍摄可以打造前侧光、侧光，甚至侧逆光的光照效果。

3.反射法

反射法就是将电子闪光灯朝向天棚、墙壁或者反光板等物体闪光，再利用其反光照射被摄体的方法。这种拍摄方法在拍摄人像时经常被使用。

反射法拍摄能防止产生生硬的影子，光线柔和、自然，效果如图4-41所示。由于反射光会扩大照射的范围，因此能有效解决利用广角镜头闪光摄影时带来的照射范围不足的问题。图4-42为拍摄时，使电子闪光灯照射上方的棚顶，利用棚顶反射光照射人物的效果。

图4-40　竖构图，直接机顶闪光拍摄

图4-41　竖构图，反射法拍摄

图4-42　店铺主人/林佳丽

4.频闪

一般的闪光灯在每次触发时，只完成一次闪光。而频闪方式则是闪光灯在每次触发时，连续几次发光，不是一次将全部光能释放，利用这种闪光方式拍摄的照片就会在一张底片上记录下一连串的运动动作。因此将这种闪光方法称为"连续闪光"法。频闪方式只有少数高级电子闪光灯上才能实现，普通闪光灯没有这功能。

有些电子闪光灯的频闪次数是固定的，如佳能420EZ为每秒5次；而有些则是可以调整的。在使用电子闪光灯的频闪方式时，一般要用较慢的快门速度，如1/4秒以下，效果才会明显。

三、电子闪光灯使用注意事项

1.注意闪光同步

使用闪光灯时，按照相机的闪光同步速度将快门速度调整至闪光同步以下进行拍摄。

2.相机镜头视角一般应小于电子闪光灯的射角

一般闪光灯的射角为60度左右，这一角度稍大于标准镜头的视角。因此在利用标准镜头并配备闪光灯拍摄时，照片会得到比较均匀的照明。当相机镜头的视角大于闪光灯的射角时，被摄体四周的景物由于受不到光照，而造成曝光不足。如

图4-43 镜头焦距24为毫米的电子闪光灯拍摄效果

图4-43所示，拍摄时使用的镜头焦距为24毫米，电子闪光灯的射角明显小于镜头的视角。镜头的视角与镜头焦距的长短有关，当使用的镜头焦距大于标准镜头时，无需考虑闪光灯的射角与镜头视角间的关系。如果使用的镜头焦距小于标准镜头时，要将闪光灯的设置调整到广角挡位，或在闪光灯前加装广角扩散片保证拍摄的照片四角得到足够照明。

可以利用电子闪光灯射角小于镜头视角的方式，表现出局部打光的特殊效果。

3.注意放电

在不关闭电源，且电磁充足的条件下，每次闪光之后，电子闪光灯会自动完成充电。完成拍摄后应将存留在闪光灯内的余电放掉，以延长闪光灯的使用寿命。

4.存放条件

最好将电子闪光灯存放于恒温、恒湿的条件下保存。因为长期过热，或者过于潮湿的环境对闪光灯的电子软件有损伤，进而影响使用寿命。

思考题

1.闪光灯的基本构件有哪些?

2.反光伞与透光伞在光线塑造上有何不同?

3.柔光箱尺寸的大小与塑造光线效果的关系是怎样的?

4.雷达罩塑造光型的特点是什么?

5.闪光灯具有哪些特性?

6.什么是闪光同步?闪光同步使用的技巧有哪些?

7.电子闪光灯有哪些使用方法?

8.使用电子但光灯中需要注意哪些问题?

实操

在影棚中利用一盏闪光灯拍摄七种光位。掌握不同光位塑造物体的特点;基本掌握测光表使用方法;掌握闪光灯使用方法。

第二模块　光比及亮度平衡

本模块是影棚用光中的基础，知识点包括：光的强度；光线性质及其造型特点；亮度平衡在摄影用光中的作用及意义；光比计算方法。在这些理论基础上安排相应的实践内容。需要在该部分掌握光线性质及其造型特点；掌握光比的计算方法，会拍不同的光比；掌握用光与影调的关系。为下阶段学习打下基础。

第五章　光的软硬性质及造型特点
Chapter 05

在摄影表达过程中，摄影者不仅要为被拍摄的物体选择适合的光位，也要为拍摄主体选择光线的性质。这里所讲的光的性质既与光的物理性质有关，也与其塑造物体后所形成的视觉效果有关；且更加关注其塑造物体后的视觉效果。在摄影中无论应用哪种类型的光线，光线都有一些相同的基本特性：光线的强度、光线的性质。在摄影中谈论光的"品质"，通常是指光的散射程度，以及由此造成的"软硬"不同的视觉效果。

在生活中经验告诉我们周边的自然光不仅有反射性、折射性、透射性和衍射性，也具有因为天气原因而形成的散射性。因散射程度的不同获得直射光或者散射光；两种不同性质的光线影响着对被摄物体的造型效果。

第一节　光的强度

在摄影领域用光来塑造物体时，提及光的基本特性大多会想到光的强度。光的强度可以从强到弱，这一点适用于任何光源。光的强度是指光的相对强弱，它随着光源输出功率的大小变化而变化，也随着物体到光源距离的远近而变化。也就是说人工光源的强度，一方面随着灯的瓦数不同而有所变化；另一方面也随着距离光源远近的不同而有所变化。物体距离光源越远受到的光照强度越低。光的强度与到光源距离的平方成反比关系。如图5-1所示，A点为一盏灯，B点为物体1，C点为物体2，B点到达A点的距离假定为1，C点到达A点的距离为2，那么物体2受到这盏灯的光照强度就是物体1的1/4。反之也是成立的，如图5-2所示，D点为一物体，E点为灯1，F点为灯2，E点到达D点的距离假定为1，F点到达D点的距离为2，那么物体受到灯2光照强度就是灯1的1/4。也就是说，如果将照射到被摄物体的光源移到原来照射点的1倍距离时，光线的强度就会降到原来位置的1/4；如果距离增加3倍时，光线强度就降到原来位置的1/9。反过来，当距离减少一半时，光线的强度就会增加4倍。

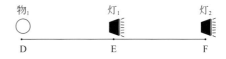

图5-1 光照射物体强弱度与距离的关系（1）　　　图5-2 光照射物体强弱度与距离的关系（2）

光线的强度除了与距离有关，还与光束的狭窄程度有关。在光源其他性质不改变的条件下，光束越窄强度越高。

在自然光条件下，光线的强度与天气、光照时段也有关。晴天光线强度高，阴天光照强度就低；日出和日落时期光线强度会明显低于白天其他时间段的强度。

综上所述，光线的强度与光束狭窄程度；光与被摄体间的距离；天气；太阳的时段有关系。

照明强度的差别，会在照片上以三种不同的方式表现出来：被摄体的明暗度；被摄体的反差范围；被摄体的色彩表现效果。

第二节　光的性质及形态

不同性质的光线在塑造物体时，表现的形态是不同的。这是从光所形成光影效果给人的视觉感受为出发，将光分为"硬光"和"软光"。硬光是直射光；而软光则是散射光。当然光线的软硬性质与光线的强度有直接的关系。

一、直射光的性质及造型特点

直射光光源的方向性很强，照射在物体上会产生清晰的影子，因此也称为硬光。直射光因为能产生明显的阴影和"实边"的效果，阴影一般比较浓重。例如晴朗天气下，不受云雾遮挡的太阳光，或从聚光灯发出的直射人工光。聚光灯是由内部的透镜聚集光线，使光线更加集中照射到某一点上，常被用作修饰光、轮廓光来使用。利用直射光拍摄出来的照片，图像中景物对比度大，轮廓清晰，易形成"力量"感；但由于调子过硬，尤其是暗部的色彩和质感会受到一定程度的损失，效果如图5-3、图5-4所示。因此在实际拍摄中，对于性质过强的光线要谨慎使用。

直射光一般照明强度高，强烈而耀眼。在这种光线照射下，被摄体显得格外明亮，也容易形成眩光。

光的软硬性质与光束的宽窄和到达被摄者的距离都有关。光束越窄，并且距离被摄体越近越容易形成方向感较强的直射光。在室内影棚中拍摄时，一般不用直射光做辅助光。

图5-3 校园

图5-4 时装/鲁成龙

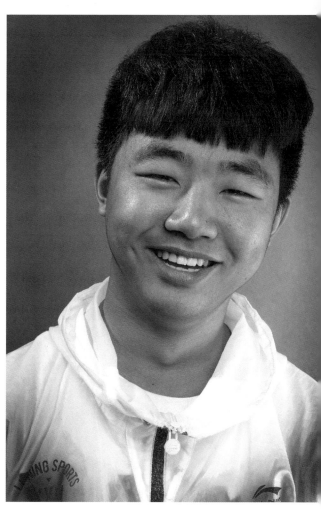

图5-5 同学/刘思萌

图5-6 乡间小路/赵欣

直射光的特点：

1.反差大，物体的轮廓清晰；

2.如果调子过硬，尤其是暗部的色彩和质感会受到一定程度的损失；

3.一般不用直射光做辅助光；

4.常用于塑造形体的轮廓。

二、散射光的性质及造型特点

散射光是一种漫反射光，照射在被摄物体上产生的光影不明显，影子的边缘比较模糊，光源方向性不强，视觉效果柔和，因此被称为软光。散射光光源尺寸一般较大，例如从墙壁、天花板等其他物体反射回来的光线；或者雾天、阴天的光照效果；或者加上柔光箱的闪光灯所形成的光照效果，如图5-5所示。

散射光照明下的物体没有明显的受光面和背光面，因此立体感弱，空间感不强，反差小，影调层次丰富。因此过于阴沉和大雾天气不适合拍摄黑白照片，尤其是大雾天气。因为在雾天拍摄，照片的反差很弱，画面灰暗没有层次。在柔和散射光的照射下，物体色彩的饱和度、明度都会发生变化；如果能运用好色彩关系能拍摄出与众不同的彩色照片，如图5-6所示。

因为散射光具有方向不明确，不会形成明显影子，因此可以利用散射光给光线不足的地方进行补光。

补光的方法有很多，最常用的就是利用反光板。在实际使用中应根据拍摄体的大小和想达到的效果来决定反光板的位置和大小。

散射光的特点：

1.反差小，影调层次丰富；

2.立体感、质感表达较弱；

3.一般用作辅助光。

思考题

1.光线的强度与哪些因素有关？

2.直射光具有哪些特点？

3.散射光具有哪些特点？

第六章　用光与照片亮度平衡

Chapter 06

　　掌握了光位与塑造物体间的关系；掌握了光的软硬性质造型特点之后，应开始思考如何主动调节多个光之间的亮度差值，以达到拍摄的目的。在安排不同造型光线的过程中，按照摄影者个人意愿控制各种光线之间的亮度关系是摄影师必须完成的一项工作。控制各个光线间的亮度平衡有两种方法：一是将各个光线间的亮度控制在宽容度范围之内；二是将各个光线间的亮度控制在宽容度范围之外。具备相关技能前，还要掌握以下几方面的知识。

第一节　物体自身的反光率

　　在第一章光的物理性质中论述过光的反射性，并在眼睛色觉生理中提到：我们之所以能看到物体是因为物体反射的光线作用于眼睛的结果。自然界中的每种物体都能或多或少地反射部分光线，即都有自己特定的反光率。如：一般白色物体的反光率高达85%以上；而纯黑色物体的反光率接近0。通常情况下，反光率在75%以上的被称为白色；反光率在10%以下的称为黑色；反光率在10%～75%之间的称为灰色。假如拍摄一个含有白色绒布和黑色毛料的静物，如果它们各自的反光率分别为85%和2%。如果这组静物处在均匀的照明下，它们之间的明暗亮度差是85∶2，约为40∶1。在自然场景中，普通景物的平均亮度为1∶160。较高能到达1∶1000；低的能达到1∶27。而摄影所能容纳和表现的亮度范围为1∶128。也就是说摄影不可能将自然景物中所有的影调层次都表现出来，这给摄影表达带来了局限；但同时也给摄影表达提供主动控制的机会。

　　在自然界中景物的反光率大约为12%，但物体间的反光率差别很大，一些物体，如浅色的楼房、植物、地面等，反射的光可能要多一些；而一些深色的物体反射的光线可能会少一些。物体这种反射性是由物体表面材质的物理特性所决定的。

第二节　照明对物体亮度的影响

在一个场景中，如果有多个反光率比较接近的物体杂糅在一起，而且场景中物体受到柔和、均匀的照明，每种物体自身的反光率会呈现出原有的特征，最终每个物体在照片中形成的影调关系比较接近。但如果我们采用不同强度，不同性质的光线对场景中的物体进行逐个、区别照明，即有的物体给予的照明多，而有的物体给予的照明比较少；并且控制有的物体光比较大，有的物体光比较小，那么场景中的物体就会呈现出与原来照明效果截然不同的影调关系。这种方法就是利用照明方式对物体亮度差值进行控制。

例如上面的例子，在自然光下拍摄包含白色绒布和黑色毛料的图像。如果在晴朗的天气下，强烈的直射太阳光线和天空反射光线共同作用对其进行照明，其受光面直接接受阳光的照射，而暗面则受到天空光的照明。这时白色绒布亮部会因为接受阳光的直接照明而显得更加的明亮；而没有接受阳光直接照射的黑色绒布会显得更加黑暗。这时各个景物间的亮度差值可能超过胶片的宽容度，即相机不能记录下所有的影调层次。在这样的情况下，摄影者要根据实际需求选择保留一部分影调层次，而放弃一部分影调层次，当然不同选择就会形成不同的影调效果。如果在光线可控的条件下，采用改变照射物体光线照度的方法去改变影调的关系，会将景物间的影调都控制在理想的范围之内。如果在拍摄这组照片时，阳光的亮度是天空光的4倍，那这组静物的反差则是4倍关系。如果这组静物是在阴天条件下拍摄，光线性质是散射光，由于没有明显的受光面和背光面，白色绒布与黑色毛料之间的亮度差值就会缩减。

综上所述，物体自身的反光率和照射物体光线强度成为控制被摄物体亮度范围的手段。

物体自身的反光率和照射物体光线强度成为控制被摄物体亮度范围的手段。

第三节　亮度平衡

拍摄照片时，控制景物间的亮度差值是摄影师塑造物体的重要手段，也是任务之一。所谓亮度平衡是摄影师根据作品内容和造型的要求，对光线的明暗强度、明暗范围、明暗对比进行控制，形成具有和谐美感的不同亮度结构，来构成合理的影调，展现摄影师创作意图。

　　每幅照片都具有不同的影调关系，如以白色或浅色调为主的高调；或以深色，甚至黑色调为主的低调（关于影调层次在后面的章节中详细讲解）。也许会有人认为：一张调子较高的照片是由于拍摄照片时，被摄主体获得的光照较多，而且强烈所致；而一张低调照片是由于拍摄照片时主体受到的光照少所致。这种思考方式就没有真正理解相对亮度理论。摄影者对物体之间的亮度进行观察时，更多关注的是物体间相对亮度，而不是物体的绝对亮度。即白布看起来是白色，一方面取决于它的反光率，另一方面也取决于它与周围环境的亮度对比关系。如图6-1、图6-2所示，两图中间小色块的绝对亮度是相同的，但图6-1中的小色块显得更白；而图6-2中的小色块显得不是很白，这是由于中间色块在不同亮度背景的衬托下，给予人的视觉感受不同所致。这就是物体与周围环境间的相对亮度关系。这种相对对比关系在摄影光线处理中尤为重要。物体亮度相对性原理是摄影光线造型基础和重要理论依据，也是影棚布光的理论基础。

　　为更加明确亮度相对理论与摄影光线造型间的关系，下面举例加以说明。假设有C、D两块不同反光率的纸作为拍摄对象。利用反射式测光表测得C纸张的曝光组合为f11、1/125秒；测得D纸张的曝光组合为f8、1/125秒。它们间的亮度比值是1∶2。如果我们将C、D两张纸拍摄在一张照片中，并按照f11、1/125秒曝光组合进行曝光，那么C物体在照片中表现出来的影调层次是在Ⅴ区（见伦布朗分区曝光法），而D物体在照片中呈现出来的影调层次则是Ⅳ区。之后再对C、D两张纸进行重新布光，使到达C和D物体的光线亮度同时提高1挡，经过测光表测得C纸张的曝光组合为f16、1/125秒；而D纸张的曝光组合则是f11、1/125秒。我们再次将两物体拍摄在一张照片中，并仍然按照C物体的曝光组合进行曝光，照片中C物体表现出来的影调层次仍然是在Ⅴ区，而D物体在照片中呈现出来的影调层次则还是在Ⅳ区。这个例子说明：同时提高两个物体照明强度，或者同时降低照明，最终会得到密度相同的两张照片。

图6-1　物体与周围环境相对亮度对照图（1）　　　　图6-2　物体与周围环境相对亮度对照图（2）

如果为了使照片中的某个物体显得更加突出、明亮，应加大物体与周围景物之间的亮度差值。例如上面的例子，如果想让C纸张比D纸张更加明亮，可以增加C纸张上的光照强度，而使到达D纸张的照度不变。如将到达C纸张的亮度增加1倍，使其获得的曝光组合为f16、1/125秒；而到达D纸张的光线亮度保持不变，经过测光表测得的曝光组合仍为f8、1/125秒。这时C、D两个纸张间的亮度差值由原来的1∶2，变成了现在的1∶4。如果仍然按照C纸张的曝光组合进行曝光，那么C物体呈现出来的影调层次在Ⅴ区；而D物体在照片中呈现出来的影调层次在Ⅲ区。这样在D纸张的衬托之下，C纸张显得更加明亮。细心的读者可能发现还可以采用让到达C纸张光线亮度不变的情况下，而降低到达D纸张的光线亮度。这样测得到达C纸张亮度的曝光组合为f11、1/125秒；而测得的到达D纸张的曝光组合就是f5.6、1/125秒。如果仍然按照C纸张的曝光组合进行曝光，那么会获得与上张照片影调完全一致的照片，只是景深略有不同。在影棚布光中我们采用的方式通常为第2种——降低照度的方法，而不是提升照度的方法来实现调整物体间的亮度之比。

针对具有不同亮度差值的被摄体，有不同的曝光选择。如上面的例子，在改变亮度差值以后，亮度由原来的1∶2变成了1∶4，这时可以选择以C纸张的亮度进行曝光，也可以选择以D纸张的亮度进行曝光，或者按照两者之间的曝光组合来曝光。如按照D纸张的曝光组合来曝光，D纸张在照片上的影调层次就是在Ⅴ区，而C纸张在照片中所呈现出来的影调层次就是在Ⅶ区；如果按照两者之间的曝光组合来曝光，那么C物体在照片中表现出来的影调层次是在Ⅵ区，而D物体在照片中呈现出来的影调层次则是在Ⅳ区。曝光不同的选择会创造出影调层次不同的照片，因此摄影是摄影者主观创造和控制的结果。无论相机如何发达，作为控制相机的人才是最重要的。

摄影师利用光线对被摄物各个部分亮度进行处理时，一定要注意最高亮度和最低亮度之间的差值，即注意被摄对象最高亮度和最低亮度是否能被记录下来。如果亮度差值过大，超过了摄影的有效宽容度，其影调就不能被全部记录下来，那么摄影师需要进行处理或选择，可以选择按照画面中最重要的部分进行曝光，即选择性的保留部分影调层次，而放弃部分影调层次；或者通过调节物体的亮度差值，使某些不需要的层次掩盖在胶片的宽容度范围之外。

上面所讨论的物体间亮度差值的调整也是摄影中常说的光比的调节。

第四节　光比

在理解了通过光的调节可以控制物体亮度在感光材料上展现的影调区域后；需要进一步研究运用相关技巧控制被摄体的受光面与背光面之间的亮度差值，即光比控制的技能。光比就是指用来照明物体的两盏或多盏灯之间的光线强度之比。通常情况下是指主光与辅助光之间亮度之比；但也包含主光与背景光、主光与修饰光等光线之间的亮度差值。

一、光比计算方法

1.方法一

光比的公式是2的n次方分之一。按照这个公式获得的光比可为1：1；1：2；1：4；1：8；1：16；1：32；1：64；1：128。在这里，前面的1往往代表较亮的主光，而后面的数值则代表其他光线的亮度。如将2的不同次方组成一个等比数列，这个数列为：1、2、4、8、16、32、64、128、…而相邻数字之间代表的是一挡曝光量（可以是增大一挡或缩小一挡曝光）的变化。n在这里就是指曝光整挡挡位的变化，即：当n为3时，指曝光相差3挡，光比则为1：8。在摄影中经常提到胶片的宽容度为1：128，这里的128就通过2的7次方而得来，即：胶片可以容纳从最暗到最亮7级曝光量的变化。而整挡曝光的变化既可以指快门的变化，也可以指光圈的整挡挡位变化。在影棚中利用闪光灯拍摄时，通常指光圈的变化；而在室内自然光或室外自然光等其他光照条件下，光圈与快门挡位可以交替变化。

在关于曝光的课程中提到：在曝光速度不变的情况下，每加大1级光圈，就会使到达感光材料上的通光量增加1倍；或在光圈不变的情况下，曝光速度增加1倍，那么达到感光材料上的通光量也会增加1倍。例如在拍摄速度不变的条件下，将f11调整到f8时，就会有两倍的通光量通过镜头到达感光材料上；而缩小一挡光圈时，曝光就只有原来光照的1/2。

按照A.亚当斯分区曝光理论，在胶片上所形成的影调层次可分为0区、Ⅰ区、Ⅱ区、Ⅲ区、Ⅳ区、Ⅴ区、Ⅵ区、Ⅶ区、Ⅷ区、Ⅸ区、Ⅹ区。Ⅴ区为摄影中18度中灰的影调层次，层次表现最佳；以Ⅴ区作为分水岭，Ⅴ区以上的Ⅵ区、Ⅶ区、Ⅷ区、Ⅸ区、Ⅹ区为高亮调影调区域，影调层次依次递增，Ⅸ区已经接近纯白色；而Ⅴ区以下的Ⅳ区、Ⅲ区、Ⅱ区、Ⅰ区、0区为暗调影调区域，影调层次依次递减，Ⅱ区已经接近纯黑色。图6-3就是利用分区曝光法拍摄的灰色水泥墙面，从图片中能看出从黑色Ⅱ区到白色Ⅸ区为有效的影调区域，期间相差7级曝光量，也就是$\left(\dfrac{1}{2}\right)^{7}$，即宽容度1：128，如按光圈计算（曝光速度不变）就是相差7级光圈，即f32、f22、f16、f11、f8、f5.6、f4、f2.8。因此，分区曝光理论也是摄影布光的基础。摄影师在控制光比时，应考虑胶片的宽容度。

综上所述，在控制光比时，如果拍摄速度一致的条件下，如主光照度为f16，而辅助光的曝光为f11，按照光比的计算公式可知：主光与辅助光的光比为1：2，效果如图6-4所示。如主光照度为f16，而测得的辅助光的照度为f4，那么主光与辅助光光比就是1：4，如图6-5所示。如果光圈数相差3挡，光比就是1：8，以此类推。在这里要强调光比的书写方式是主光"1"写在辅助光的前面；而高光则写在主光值的前面。如果布置的其他光线强度比主光亮1挡，而辅助光亮度比主光暗

| Ⅰ区 | Ⅱ区 | Ⅲ区 | Ⅳ区 | Ⅴ区 | Ⅵ区 | Ⅶ区 | Ⅷ区 | Ⅸ区 | Ⅹ区 |

图6-3　分区曝光法拍摄的10张照片效果

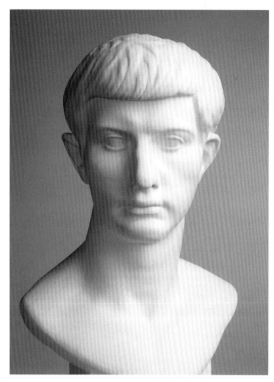
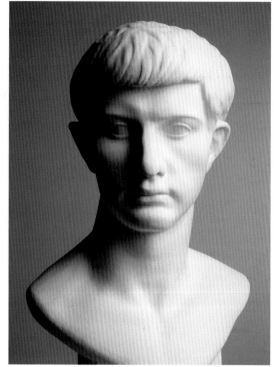

图6-4 光比1：2   图6-5 光比1：4

1挡，则光比的书写方式就是2：1：2。如果主光是f16，这个光比也可以书写为
f22：f16：f11（在利用闪光灯进行拍摄时，曝光只与光圈有关，与速度没有关系。
参见闪光灯闪光同步一节）。

2.方法二

在前面章节中讲到，光照射的强度与距离平方成反比。也就是说，如果在光源
强度不变的情况下，将照射被摄物体的光源移到原来照射点的一倍距离时，光线的
强度就会降到原来位置的1/4；如果将光源照射距离增加3倍时，光线强度就降到原
来强度的1/9。按照上面的法则选用两盏瓦数相同，性能完全相同的白炽灯照射同一
物体，如果想获得1：4的光比，将一盏灯摆放的距离调整为另一盏灯2倍就可以。
但对于连续光源而言，灯泡光源的输出功率随着使用寿命的变化而变化，上面所讲
的方法是将这一变化忽略在外。因此在拍摄过程中常常选用性能更加稳定的闪光灯
进行拍摄。光比调节还可利用闪光灯的输出功率旋钮进行，并利用测光表分别测得
不同光线的照度，这些将在后面的章节中详细讲解。

二、光比与造型

通过上面的分析可知，利用光比调节可以获得影调不同的照片。在主光照明强
度不变的情况下，改变辅助光的亮度，就会改变光比，其造型效果、影调气氛会有
所不同。如图6-5就是在图6-4的基础上没改变主光亮度，而降低辅助光强度而获得

的。通常情况下，主光与辅助光的光比大，会形成较为凝重、肃穆的气氛；主光和辅助光的光比小，往往会形成平静、舒畅、愉悦的气氛。

照片整体基调和画面效果不仅与主光和辅助光的光比有关，还与主光与背景光的亮度差值有至关重要的作用。在主光亮度不变的情况下，改变背景的亮度，会形成不同的造型效果。当主体亮度和背景亮度之间光比很大时，画面会形成割裂感，主体更加强烈、突出。当两者之间的亮度间距接近时，会形成平和、轻松、顺畅的气氛。当背景的亮度与主体的亮度都很高时，在画面中所形成的影调和色调明亮，往往给人一种轻松、愉悦的感觉。

三、调节光比的手段

调节光比的手段有以下几种：① 调节不同光源间的强度；② 调节不同光源到达物体间的距离；③ 用反光板对暗部进行补光。

在影棚利用闪光灯进行拍摄时，常常采用调节光线强度来改变光比的大小。而在室外自然光或者室内现场光光照条件下拍摄时，经常利用反光的方法来调整光比的大小。

思考题

1.简述光比的计算方法。

2.简述光比的书写方法。

3.分区曝光法与亮度平衡间的关系是怎样的？

4.调节光比的方法有哪些？

实操

该阶段训练是摄影用光训练的重要过程。

1.要求学生用两盏灯拍摄 1：1，1：4；1：8 的光比。拍摄要求：学生自主寻找拍摄对象，提交作业3张。

2.拍摄光比相同，主光性质不同的2张照片。

第三模块　光的造型与布光技术

　　本模块是影棚用光知识点的总结，知识点包括：光型的分类；布光方法；用光与影调调节。在理论讲解的基础上安排相应的实践内容；需要在该部分掌握利用不同造型光线进行组合，拍摄出光比不同、影调差异的画面效果；学会布光方法。

第七章　光塑造形体的功能
Chapter 07

　　对于光位和光线软硬性质的认识是我们对地球自转和公转运动结果的感官认知。摄影师在自然界中拍摄照片，通常需要对光线位置和光线性质进行选择；而在室内专业摄影棚中进行拍摄时，摄影者可以按照个人的意图，对光线自由运用，实现多个灯光的组合。在影棚中对光自由运用、组合时，通常情况下兼顾自然界的光照效果。如：在自然界中只有一个光源，太阳或者是月亮，被照明后的主体只有一个影子，因此对投影数量的控制，是在影棚自由安排光线拍摄时最基本的原则之一。

　　如果说拍摄者对光位的选择是对自然光线运动规律认识后的运用；那么，对用不同光线塑造形体效果的认知更多是摄影者在长期实践中主观能动的结果。按照光在摄影造型当中所起的作用，可以将光分为主光、辅助光、背景光、效果光、修饰光、轮廓光等。本章主要讲述关于光的造型作用、影棚布光方法及用光与影调调节。

第一节　光型的分类

一、主光

　　主光是对被摄体进行造型的主要光线，它在画面中占主导地位，其他光线都服从于主光完成塑造形体的任务。主光的造型任务就是要把被摄体外部形态表现出来。因此，对于主光，要依据表现任务和目的，认真选择主光的方向、主光的高度和主光的性质。主光光线的照射高度和方向还是展现时空的手段；主光又是照片中表达时间和季节的主要因素；并且主光照明的效果对于画面影调趋向起重要的作用。

　　主光注意事项：

1.主光的投射方向

　　当明确了不同光位塑造形体的效果和特点时，就应该理解主光方位的选择在很大程度上决定了画面中被摄体的立体感、质感及画面纵深感。因此，在选择主光时，要根据被摄对象自身的特点和表现意图来选择主光的光位。例如，如果想拍摄以白色或浅色调为主的高调照片时，在光位的选择上首先会考虑选用顺光和前侧光的光位，因为这样的光位更容易产生比较明亮的视觉效果（选择其他光位也能拍摄出高调的照片）。当然，光位的选择也要契合被摄对象的外部特征，也要契合个人表现意图，即将主观表达与客观再现结合起来。

2. 主光的投射高度

在主光方位明确的前提下，还要考虑光线的高度。在主光方位不变时，改变主光的高度也会形成完全不同的光影效果，而这一点常被摄影初学者所忽略。在影棚拍摄时，正确的做法是，在选择好主光位置之后，上下移动光的高度，仔细观察光在主体上的变化，进而确定光的高度。在影棚中布光时，摄影者虽然可以随机选择主光的高度，但应该明确在自然界中光线都高于被摄体；因此，当主光低于被摄体时，尤其拍摄主体为人物肖像时，模特的下巴、鼻子的下方和眉弓骨的下方都会被照亮，违反自然光线的照明规律，这一点在主光高度选择时应多加注意。

3. 主光的强度和性质

强调在光线的运用中考虑光线性质，是因为如果主光选择是硬光就容易形成硬朗的视觉效果；如果选择的是软光就容易形成柔和、温暖的视觉效果。如图7-1和图7-2所示，这两张照片选用的光位都是前侧光，但前者所用的是直射光，而后者所用是散射光，因此两张照片形成了完全不同的两种效果。

 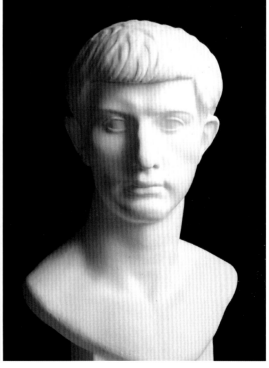

图7-1　硬光　　　　　　　　　　　　　　　　图7-2　软光

4. 主光与辅助光、背景光的光比

主光与辅助光，主光与背景光之间的亮度差值会影响照片整体的基调。基调是成正常的还是偏高的，在安排主光时也应将这些因素考虑其中。

5. 个人表现意图

上面论述的这几点归根结底都是为了拍摄主观意图而服务的。很多摄影者在拍摄前已经对即将完成的画面有了整体的设想。因此主光的选择最主要的是要契合个人创作的意图。

二、辅助光

辅助光又称补光、副光。辅助光是用来提高由主光照明后所产生阴影部分的影调层次。例如在逆光和侧逆光光照下，主体的阴影部分往往过于浓重而缺少层次，这时在阴影区适当增加光照会使阴影部分的影调层次更好地表现出来。因此辅助光的作用是降低反差，增加阴影的细节。在布光的过程中通过调节辅助光的亮度，可以在画面中形成不同的明暗结构，从而创造出不同的影调趋向和基调。

小技巧

在运用辅助光时要注意它与主光的亮度差值，不能破坏主光所形成的光影效果。

在前面提到过，自然界中只有一个光源，主体被照明后只有一个影子，因此在影棚操作中辅助光不能在画面中产生多余的影子。所以，辅助光一般被安排在紧贴相机两侧，并略高于相机，近似于顺光或前侧光的位置上。因为这样的光位在画面中不容易产生另外的影子。当然，根据表现的需要有时会需要两个或两个以上的辅助光。

辅助光注意事项：

① 辅助光与主光共同完成造型作用。但辅助光以不破坏主光造型效果为原则。

② 辅助光光源性质以散射光为主。因为散射光的方向性不强，不会产生明显的光影，能较好地帮助主光完成画面造型的任务。

③ 注意辅助光与主光之间的亮度差值和面积比。

三、背景光

光位于被摄体后方，专门用来照亮背景的光线称为背景光。在专业影棚中，为了给背景打光，通常在被摄体与背景之间保持一定的距离。背景光是较为重要的造型光线，在拍摄中背景主要的任务是衬托主体，因而背景光往往会与主体的亮度有所区分。如果主体和背景影调层次粘连，就起不到烘托主体的作用。

背景光的造型作用：

1.突出主题

为背景安排照明就是为了按照摄影者的意图突出主体或弱化主体。若想主体突出可以将较暗的主体衬托在明亮的背景之下；或将明亮的主体衬托在暗的背景之下。当然，任何光线的安排和选择都有"度"的范围，如果背景和主体亮度差值过大，已超出摄影宽容度，会使画面产生过于强烈、生硬的割裂感，视觉效果不佳。但也许正是这样的选择可以创造出戏剧化的硬调效果（这种情况运用不多）。背景和主体的处理关系可参照图7-3。

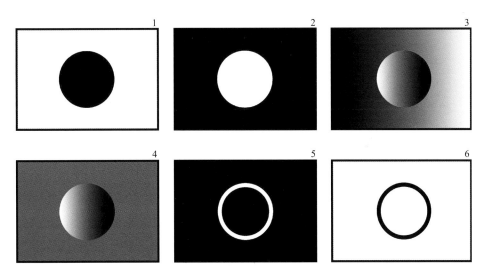

图7-3 背景与主体之间的衬托关系

在图7-3中的第3张图像表示主光方向与背景光方向相反，使背景的影调关系与主体相反，从而起到衬托主体的作用；第4张图表示将光比较大的被摄体衬托在介于主体影调之间的灰色背景之上，背景对主体受光面和背光面均起到衬托作用；而第5张图表示利用逆光和侧逆光将黑色背景下的黑色主体凸显出来；第6张图表示在白背景下，对主体进行局部打光，主体四周形成较暗的影调，主体从背景中凸显出来。拍摄图7-4过程中利用了上图的第3种方法，拍摄者为了突出主体，将模特的受光面处理在较暗的背景之下，而将主体的背光面处理在较亮的背景之下。而图7-5的背景影调处理既与主体脸部亮度有差别，也与衣服的影调有略微的差别，起到衬托主体的作用。

2.美化画面

在背景较大的情况下，背景视觉效果成为照片表达的重要手段。极端处理背景会在画面中形成与众不同的画面效果，也是创作的重要手段之一。

3.与主光一起决定画面的影调趋向

背景在照片中所占的比例往往比较大，因此背景对画面整体影调取向起至关重要的作用。在主光与主体均没有改变的情况下，单独改变背景光的照明会得到不同的画面效果，见图7-6和图7-7。

图7-4 人物/张微

图7-5 人物/赵欣

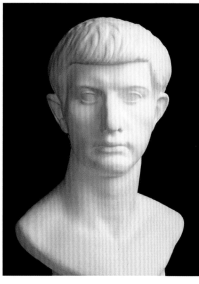

图7-6 背景光不同对整体
画面影响对照图（1）

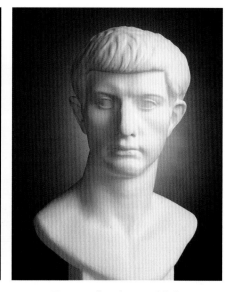

图7-7 背景光不同对整体
画面影响对照图（2）

四、修饰光和效果光

修饰光和效果光是指对被摄体局部添加的强化塑造形体的光线，如发光、眼神光、工艺首饰的光斑等。这种光线主要对被摄主体局部进行照明，起到美化细节的作用。

1.眼神光

眼神光是在人物的眼球上形成的微小的光斑，它的主要作用是使人物表现得精神、精彩、传神，更好传达出人物的神态，如图7-8所示。

小技巧

拍摄人像时，不论运用什么样的光源，只要位于被摄者视线的前方，而且有足够亮度的光都会反射到眼睛里，从而形成眼神光。眼睛中反射出的光斑，其大小和位置都与光源有关，在拍摄时应多加注意。

在拍摄人物肖像时，不是必须要有眼神光。如果有眼神光，对于眼神光的处理应注意以下几个方面。

① 避免过多的眼神光。在拍摄人物特写时，如果眼神光的个数过多，在眼球中占据的面积过大就会影响主体表达。因此，只有适当数量的眼神光才能创造出传神的效果，眼神光不是越多越好。

② 避免大面积眼神光。当塑造眼神光的光源距离被摄人物视线方向过近，而且面积过大，就会在眼球上形成较大的白色反光，效果就如同白内障一般，不仅不能美化人物，会破坏塑造人物整体效果。

③ 注意眼神光的形状。眼神光的形状与射进眼睛中光源形状有关。如在室内拍摄人像时，阳光从远离被摄者的窗户照射进来，如果被摄者视线朝向窗户，在模特的眼睛里就会出现窗户形状的眼神光；如果是利用照相机上的闪光灯从模特正面进行补光，在眼睛中央就会形成一个细小的白点；而在使用反光板、柔光罩或者反光伞时，在眼睛中就会形成与其形状相类似的光斑。

2.发光

发光是专门给头发照明的光线，它的任务就是增加头发的质感、光感和层次。比如，在黑背景下拍摄黑头发的亚洲人，给头发加以适当的光照能将主体从背景中脱离出来。在给头发打光的过程中应注意，

图7-8　人物/赵欣

图7-9　人物/岳春雨

以不照射到脸部为佳，因为如果发光照射到脸上，容易在脸上形成多余的光影，而影响主体的塑造。而图7-9中模特右侧没有加发光，头发与背景融合在一起，整个画面效果比较深沉、忧郁。

3.轮廓光

轮廓光主要修饰主体的外部轮廓，将主题从背景中脱离，起到突出主体的作用。如图7-10在石膏像左侧，侧逆光所形成的亮线就是轮廓光，起到修饰主体的作用。而在图7-11中，人物右侧的颈部，从侧逆光的光位加了一个直射光勾勒人物轮廓，将人物从背景分脱离出来。轮廓光既可以是直射光，也可以是散射光。轮廓光如果面积较大，那么强度就不能过高；如果光线强度较强，面积要适当降低。

无论是轮廓光还是发光都要注意其面积的大小，也要注意它们与主光、辅助光及背景光之间的光比。

图7-10　大卫/陈家山　　　　　　　　　　　　　　　　　　　　　　图7-11　同学/张微

　　当然在拍摄照片的过程中，除了主光之外，其他的光线都是可有可无的。在摄影实践中应根据拍摄的实际需要适当安排不同类型的造型光线。

第二节　影棚内布光的步骤与方法

　　这一节主要学习影棚中使用人工光进行布光的方法。对这部分的学习应该在前几章节实践基础上循序渐进地进行实践。

一、布光的概念

　　掌握不同光位塑造物体的特点，并熟悉光比和光的造型功能之后，就该学习如何利用这些知识主动安排不同光的组合完成拍摄目的，即利用用光知识，在影棚中按照个人拍摄意图进行光线的布置，以达到拍摄目的。

布光是用人工光对被摄体进行有秩序、有创作意图的布置照明的工作方式；是摄影师运用不同种类的灯光，主动地在不同的方向上有先、有后、有主、有次地布置照明的过程，也就是根据已有的拍摄计划、创作的目，主动完成对影调、色调的调控，使每一个光位的光起到它应有的作用，使这些灯光的照明效果形成整体的基调。因此，布光既是技术上的任务，更是艺术创作的任务。

二、布光的步骤

通过上述分析我们知道，布光不仅是一项技术操作过程，也是一次创作过程。布光是摄影师按照个人意愿安排光线的过程，但安排也要遵循一定的方法进行。布光的步骤是指先安排哪个光，后安排哪个光。布光的要求大致有以下几个方面。

1.明确拍摄目的

在影棚中，用闪光灯等人工光进行拍摄时，无论拍摄哪一种类型的照片，都应该事先明确光线处理的目的和要求。即摄影师在拍摄照片之前已经对照片整体色调、影调、效果进行构思，并根据这些构想对光线处理作出相应的方案。布光的构想包括：照片的基调；光比；光线的性质；光线的高度等。

2.主次分明

摄影者在布光之前，首先要明确哪里是表现重点。布光时注意强调重点，处理好画面中的主次关系，明确陪衬物体的基调和表现以不影响主体的表现为佳，使画面形成和谐统一的基调，即在布光时统筹安排好：主体与陪衬物体间的明暗关系；主体与背景的明暗关系。

以拍摄中近景的人物肖像为例，拍摄人物肖像时，画面中的人物占据画面绝大部分面积，是画面中主要表现对象。背景和其他被摄体处于次要位置。因此在布光时，应首先考虑人物的用光方案，然后再考虑背景、环境的用光方案。具备主光、辅助光、背景光、修饰光这几类造型光线时，布光的顺序应该是：首先安排主光的位置；其次是安排辅助光；然后再安排修饰光和背景光。

3.布光步骤

（1）主光

第一步先安排主光。主光是照明方案中最重要的塑型光线，是勾画被摄体的主要造型光。主光的高度、方向直接影响着主体的造型。光位的变化在主体的表面会形成不同的受光面，即光影效果不同。主光高度不同也会产生光影的变化，灯光高一些，影子会变长，光位低一些阴影就变短，布光时应多加注意。在主光位置不变的情况下，变化主光高度的效果如图7-12～图7-14所示。

图7-12　主光略高于主体　　　　图7-13　主光与主体等高　　　　图7-14　主光高度2倍于
　　　　　　　　　　　　　　　　　　　　　　　　　　　　　　　　　　　主体放置高度

（2）辅助光

第二步是布置辅助光。辅助光要求柔和、均匀，能照亮主体的各个部分，尤其是主光所形成的阴影部分，因此辅助光以散射光为佳。辅助光的位置一般在顺光位置。在主光强度不变的情况下，辅助光的亮度变化决定了照片的反差。

（3）轮廓光

第三步为安排主体的轮廓光。一般轮廓光从主体的侧后方照亮主体的轮廓，使主体与背景分开，使主体表现更富有立体感。

在人像摄影中轮廓光主要照亮人物的头部、肩部，但在安排轮廓光的过程中要注意不要使人物的脸部受到的光照面积过大，照度过强。

（4）背景光

第四步安排背景光。背景光的亮度很大程度上决定照片的基调，通常条件下，背景光的亮度在主光和辅助光之间为佳。如果拍摄高调照片，背景光的亮度可以和主光的亮度相同，或者比主光略高。如果拍摄低调，可以不给背景打光，保证可以获得深沉的暗色调。

上面虽然列举了布光的四个步骤，但不是说在拍摄照片的过程中一定要把这几种光型全部用上，有时候用其中一两种即可，但要符合个人拍摄目的和创作要求。布光步骤如下图所示。

步骤1　先安排主光的位置，并观察主光所形成的光影效果。

主体与主光的位置关系　主光要略高于被摄体　　　　　　　主光形成的光照效果

步骤2　在顺光或与主光相反的前侧安排辅助光，强度比主光要弱，观察辅助光形成的光影效果。

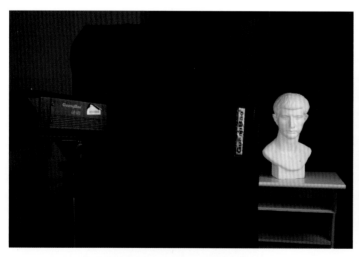
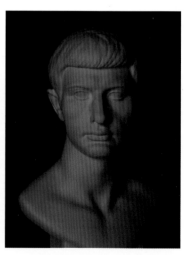

主体与辅助光的位置关系　辅助光与主光　　　　　　　　辅助光形成的光照效果
方向相反，位于前侧光方向

步骤3　在主体的后方安排背景光，一般情况下强度比主光要弱。观察背景光形成的光影效果。

背景光与主体的位置关系　　　　　　　　　　　　背景光形成的光照效果

步骤4　将所有的灯光打开，并观察所形成的光影效果。

主光、辅助光、背景光与主体的位置关系　　　　　　整体照明的效果

在一般的情况下，布完光以后要进行全面检查。用眼睛目测，从整体上观察照明的效果。审视整体照明效果是否达到拍摄目的，对于不符合的造型方案进行调整。

三、亮度相对性原则在布光中的应用

了解了布光步骤和方法后，还需要明确布光的亮度依据。在室内人工光照明下，要寻找一个基准亮度来作为布光的亮度依据。在拍摄人像作品时，往往以人物脸部作为基准亮度，以此亮度作为参照调整其他部位的亮度。以人物脸部作为基准是因为在摄影作品中，人物的面部往往是作品表现的主要部分；所以以人脸亮度作为亮度基准进行影调控制，能使人物脸部质感、外形得到较好的表现。摄影者在控制人工光照度时应考虑是否把所有被摄体的亮度控制在摄影有效亮度范围之内。

四、布光注意事项

在影棚中进行拍摄时，需要先确定相机和被摄体的位置关系，然后再安排灯光的位置与亮度，进而控制景物间的光比关系及物体和环境间的空间关系。

在学习过程中，为了方便观察不同光型塑造物体的效果，布置一个灯光时最好将其他灯关闭。如在安排辅助光时，应把主光、背景光都关闭。

布光时需要注意的事项有几点：

1.避免不必要的影子

不论使用室内大型闪光灯还是使用电子闪光灯，或使用连续光源，都应避免背景上出现不必要的阴影。因为影子会分散人的注意力，不利于突出主体。有两种简单方法可以防止影子出现在背景中：一是使被摄体与背景间的距离加大，尽可能保持1.5米以上的距离；二是用机顶电子闪光灯进行拍摄时，可以利用反射闪光的办法去除背景中清晰的影子。

2.注意辅助光的光位

辅助光一般在主光相反的顺光方向或前侧光方向，并略高于被摄体。如果主光在相机的左侧前侧光的位置，那么辅助光就要安排相机右侧顺光或者右侧前侧光的位置，且强度要低于主光。

第三节　用光与影调

　　具备了光位、光线性质、光比、光线塑造物体造型特点等知识以后，就需要利用相关知识控制摄影画面的影调效果。在这一节中，我们就来分析光线与影调调节之间的关系。

　　在拍摄中不论调整光线性质，还是调整光比的大小，最终都会影响摄影画面的表现效果，即影调效果。那么什么是影调？影调就是摄影画面中一系列不同等级、不同层次的黑白灰关系的表现。这种黑白灰关系是自然界客观景物，在光线的作用下，其表面结构的反射光在照片中形成的一系列的明暗关系。

　　影调在摄影画面中有两种表述方式：画面整体影调表现出的明暗层次；画面整体影调表现出的明暗倾向。

一、影调的明暗层次

　　在众多摄影实践总结中，将画面整体影像表现出的明暗层次分为硬调、软调、中间调。调子的软硬程度不仅与主光的性质有关，也与光比大小有直接的关系。例如主光是直射光，而光比比较大就容易形成影调对比强烈的硬调效果；如果主光是直射光，而光比较小，形成照片整体效果也会比较柔和。如果主光是散射光，且光比比较小，就会形成软调的效果。因此，照片影调层次不仅和光的性质有关，与光比的大小也有直接的关系。

1.硬调

　　照片中黑、白两极影调占据画面主导，而中间灰色层次过渡较少的影调效果称为硬调。即图像明暗对比强烈，反差大，影调层次过渡少。这样的影像给人以明快、粗犷的感觉。效果如图7-15、图7-16所示。

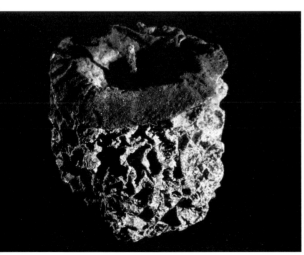

图7-15　苹果/陈晓菲

图7-16　归宿/车骅

2.软调

照片中所包含的影调层次丰富，明暗反差小，影调柔和，给人以细腻、含蓄的感觉。效果如图7-17、图7-18所示。

在物体反光率一节中讲解过反光率在10%～75%之间称之为灰；因此，在自然界中所包含的"灰"比"黑"和"白"范围大得多。因此，"灰"在摄影影调调节中显得尤为重要。

在摄影作品表达中要注重对"灰"度的处理，"灰"的层次多，影调就柔和；影像中没有"灰"或者包含的"灰"少，影调就会形成从黑到白强烈的视觉对抗和冲突，从而形成硬调的效果。

3.中间调

画面中的影调对比不像硬调那么强烈，也不像软调那么柔和，所反映的影调反差适中，近于人眼平时观察客观景物时的感觉，将这种影调效果称之为中间调。中间调是摄影作品中最常见的影调，效果如图7-19所示。

二、影调的明暗倾向

对影像进行描述时，经常会将情感融入照片之中，例如：轻松、明快；或者神秘、忧伤等等。这样的描述具有特定的倾向，如按照明暗倾向对照片进行划分，照片可分为：高调和低调。高调照片中白占主导；低调照片中黑色占主导。影调的这种倾向是照片整体效果对视觉感官形成的感受性总结。

1.高调

高调照片中白色和浅灰色影调占据主导，影调变化主要集中在Ⅵ、Ⅶ、Ⅷ、Ⅸ区范围内，只包含极少暗部影调层次，整体画面给人以轻松、明快、纯洁的感觉，效果如图7-20和图7-21所示。在高调照片中不是没有黑色或者暗色调，只是"黑"在画面中所占比重比较小，而这少量的暗色在画面中显得尤为重要，正是因为这少许的暗色不会使照片显得过于轻飘。

2.低调

照片中影调层次集中在Ⅱ区、Ⅲ区、Ⅳ区内变化，黑灰色占据画面大部分区域，浅白色在画面中所占比重小，给人以凝重、神秘的感觉，如图7-22所示。在低调照片中也会有少许的亮色，这少许的"亮"能提高照片的视觉对比，使照片不至于过于沉闷。

图7-17　父辈的土地/贾亦真

图7-18　动物人/叶香玉

图7-19 被分割的瞬间/曹婷婷

图7-20 简/李远征

图7-21　被遗失的影子/左颖

图7-22　生命与环境/迟铭

图7-23　背景与主光光照强度相同

图7-24　背景光比主光亮度高两挡

图7-25　背景光比主光亮度低两挡

三、影响影调的因素

画面影调的构成与取向与哪些因素有关呢？

1.与光比有关

当主光与辅助光的光比比较大时，易形成硬调的效果；主光与背景光的光比比较大时影调取向往往也会比较硬朗。如果各个光之间的光比比较小，影调取向趋于柔和。

2.与黑、白、灰在画面中所形成的面积之比有关

如白色系在画面中所占面积比较大就会形成高调效果；如果深黑色在画面中所占面积比较大就会形成低调效果。因此黑、白、灰的面积之比也是构成影调倾向的重要因素。

3.与主光的性质有关

主光为直射光易形成硬朗的硬调效果；主光为散射光则易形成柔和的软调效果。

要明确影调层次和影调倾向有时是交互融合的。在高调中也有较硬朗的高调，也有较软的高调；而在低调中同样也有硬低调和软低调。在拍摄实践中多加注意和总结。

四、用光与影调调节

以影棚中闪光灯拍摄为例，分析用光与影调调控之间的关系。假如选择中灰背景拍摄中灰色的静物体。如果主光照明的曝光组合为1/125秒、f16（在后面讨论中将忽略速度曝光，直接以光圈变化来讲解），而背景受到的光照同样为1/125秒、f16光圈；那么，最终物体和背景的影调层次均被正确还原，效果如图7-23所示。

如果在不改变主光亮度的前提下，将背景光的照射强度提高两挡，经过测光表测量光线照度为f32，按照主光曝光组合（1/125秒，f16）进行曝光，获得的照片效果如图7-24所示。这时由于背景曝光过度两挡，其表现的影调层次则落在Ⅶ区。如果在不改变主光亮度之下，将背景光的照射强度降低两挡，测得背景光照强度为f8，按照主光曝光组合进行曝光，获得的照片效果如图7-25所示。这时由于背景曝光不足两挡，其表现的影调层次则落在Ⅲ区。理论上讲，通过光线亮度差值的调节可以将灰色背景影调调节在任何一个影调区域之内。即使在只有白色墙作为背景的条件下拍摄，通过光比的调节也可以将背景影调控制在不同的区域，甚至在Ⅰ区、Ⅱ区。

思考题

1.安排主光时需要注意哪些事项？

2.辅助光的作用是什么？安排辅助光时应注意哪些事项？

3.背景光的作用及安排背景光的基本原则是什么？

4.修饰光与效果光有哪些？安排眼神光、发光和轮廓光有哪些注意事项？

5.影棚布光步骤分为哪几步？

6.摄影画面中影调的表述方式有哪两种？高调、低调、硬调和软调的具有哪些特点？

7.影响影调的因素有哪些？

实操

结合摄影用光知识，包括光位、光的性质、光比、光的造型、用光与影调等知识，用5种不同光型组合表现一个物体。在实践中掌握布光方法，复习测光表、闪光灯使用方法，掌握影调控制与控制各个光光比间的关系。要求5张照片的基调有区别，尽可能包含高调、低调和中间调；主光性质要有变化；光比要求有区别；背景要有黑白灰变化。

第八章　自然光照明
Chapter 08

为摄影提供照明的光基本可以分为两类，一类为人工光；一类为自然光。

人工光主要是由人类制造出来的光源，如常见的烛光、白炽灯光、闪光灯的灯光、日光灯等。用人工光进行照明时，部分情况下摄影者可以选择、组合光线。自然光就是指太阳光、天光和月光。

前面章节中已经详细论述关于人工光的布置方法与运用技巧；这一章主要分析室外自然光（主要指太阳）的特点和室内现场光的特点。

第一节　室外自然光

以太阳、月亮为主的自然光给摄影艺术提供了多姿多彩的光照效果。摄影者在实践中掌握必要的自然光的表现规律，能提高拍摄技巧，增加艺术表现能力。

摄影实践中应用最多的就是太阳光，因此在本章节中主要以介绍太阳光的变化规律为主，辅助讲解关于天空光和月光的相关内容。

一、太阳光照明的特点

地球上的万物在太阳光的照射下繁衍生息，阳光不仅给生物提供了生存的光照，也为动物提供视觉照明。太阳作为庞大的发光体，为地球提供着整体的照明。在阳光普照下人们学习、认识物体。

太阳远离地球，为我们周围的景物提供着照度相同的平行光照明。在没有云层遮挡的阳光下，物体不论大小、高矮都受到太阳相同强度的照明，即物体受到的照度相同，形成影子长度比例相同，反差相同。因此在阳光下的物体照明会形成统一、和谐的光照效果。晴朗的天气里，在阳光下物体产生一个投影，且方向明确。

太阳在照射到地面之前，会经过大气层，在经过大气层时，一部分光线被吸收，一部分光线被散射，一部分光到达地面。正是由于大气层的种种影响使投射到地面的阳光发生丰富多彩的变化。光线的强度、色温都会受到大气层厚度和浑浊度的影响，这样的影响又为摄影表现提供无限生机。

图8-1 平射时期剪影效果/徐国强

二、不同照射时期的特点

  每天由于地球的自转形成太阳东升西落的自然现象；并且，一天之中太阳的不断变化带来投射方向、光照强度、光线性质的改变，这种改变使景物的层次、色彩和受光面积也在不断变化，即阳光下景物的造型效果不断变化。太阳投射方向由于拍摄角度，拍摄时间段的不同形成顺光、前侧光、侧光、侧逆光、逆光、顶光不同光位的变化。在这种变化中，被摄物体的阴影面积随时发生改变，影子的长短也在发生改变。这些变化与太阳东升西落，以及照射的不同时期有一定的关系。太阳的不同时期可以分为平射时期、斜射时期和顶射时期。这三种时期形成的影调层次和造型效果不同。

1.平射时期，阳光造型的特点

  平射时期是指日出、日落时的短暂时期。平射时期阳光需要穿过厚厚的大气层，光线被遮挡和散射的较多，因此照度会减小。在平射时期，物体的垂直面受到阳光照射，而物体的水平面受到的光照少；进而在俯角度拍摄时，不同的面会形成富有变化的影调层次。这段时期地面景物光线照射少，而天空却很亮，天空和地面亮度差别较大。在这个时期如果选择逆光和侧逆光角度拍摄，天空和地面的亮度差值会更大，适合于拍摄剪影。如果把景物衬托在天空之上，会出现景物轮廓的剪影。当然在拍摄剪影时，应着重关注景物的外轮廓，选择有特色、简洁的被摄体，画面会显得清新，如图8-1所示。

图8-2 关门山/赵欣

小技巧

　　如果在平射时期，拍摄的不是具有反光的水面，应避免将地平线处理在画面的1/2处；因为这样的构图方式，会使明亮的天空和暗淡的地面在画面中平分秋色，会造成画面严重的割裂感。如果出现这样的构图可以利用景物将两个界面进行连接，会起到破坏线的作用，会将降低不和谐割的裂感。

　　这一时期，如果采用逆光和侧逆光拍摄，利用相机内的测光系统进行测光，易造成曝光失误。因此如何确定测光点和测光方式成为拍摄成功的关键。当然曝光的选择应按照拍摄意图和整体效果来确定，尤其是摄影者主观的意图成为现场决断的关键。正确的处理方式为：使画面以天空为主导，或者以地面为主导，尽可能加大两者之间的面积之比。

　　在平射时期，物体的影子比较长，影子是很好的表现手段。如果选用顺光拍摄，照片中经常因为缺少光影变化，而使画面平庸；如果这时相机背后的物体投进画面的影子，可以丰富画面的纵深感。在这一时期利用逆光、侧逆光拍摄时，也可以将影子拍进画面，增加画面的纵深感，如图8-2所示。在逆光条件下，如果将主体衬托在较暗的背景下，会为主体加上金色的轮廓线，会增加画面的层次和灵动，如图8-3所示。

图8-3 集市/赵欣

2.斜射时期，阳光造型的特点

当太阳初升1个小时后，太阳由平射时期转为斜射时期。这时的太阳与地面成15度角到60度角左右。人们将这段时间称之为正常摄影时间。这段时期地面和天空亮度对比明显比平射时期小，天空和地面景物都能得到较好的表现，效果如图8-4所示。

斜射时期太阳以一定的角度照射地面，地面上的物体有明显的受光面、背光面和投影。物体的水平面和垂直面都受到阳光照射，阴影部分会得到天空散射光的辅助照明，会形成一定反差效果。这段时期景物轮廓清晰，层次比较丰富，造型效果也比较好。这段时间光线有明显的入射方向，摄影者在明确拍摄目的的前提下，根据对象的特点，扬长避短地对光位加以选择。

3.顶射时期，阳光造型的特点

当太阳继续升高接近正中午时，所形成的光影效果就是顶光光位的效果。在这个时期地面和天空在画面中所形成的影调接近，如图8-5所示。在顶射时期物体间的光比明显增强，尤其在晴朗夏天的顶射时期，物体投影区会形成浓重、清晰的光影，在这时期拍摄的照片易形成硬调效果。

图8-4　风光/孟昕雨

　　顶射时期物体的水平面受到光线照射，而物体的垂直面受到光照比较少；因此适合拍摄以水平为主的被摄体。例如在顶射时期拍摄街道，街道会受到充足的光照，而路边的建筑和树木的垂直面受到的光照少，容易将道路凸显出来。

　　在顶光时期拍摄人物肖像，人物的额头和鼻尖比较明亮，而两眼会像戴了太阳镜一样；这时可以让被摄者的头部稍微上仰，这样可以改变不良的光照效果。反之如果人物低头，画面中的阴影就明显增多。这个时期拍摄全景要注意光线的明暗分布，注意把握阴影的形状和分布。

三、特殊光线造型特点及摄影造型处理

1.阴天

（1）阴天的特征

　　阴天的重要特征是云层。云千变万化，有时薄云遮日，有时乌云密布，或者骤然间晴天变成阴天。因此，阳光照射强度，照明效果变化丰富，光比不同，照片形成的影调也会发生多种改变，如图8-6～图8-10所示。

　　阴天受到大气层中云层薄厚的影响，天空的亮度会发生变化。在薄云蔽日的条件下，光线照射强度相对较高，景物的明暗对比会比较清晰。如果云层很厚，无直射阳光，光的性质是散射光，因此照明比较均匀，太阳照射强度不高。由于太阳没有方向性，景物分不出受光面、背光面和阴影面，景物的光比降低。景物的明暗层次只能依靠景物自身的明暗关系来表现。容易产生灰平的效果，如图8-11所示。在

图8-6　古城/李白

图8-7　风光/邹易诺

图8-8　校园/姜冰

图8-9　风光/刘雅菁

图8-10 父辈的土地/贾亦真

图8-11 校园中的海/孙家迅

摄影风格不断演变的时代，很多摄影师将反差小、灰平的画面效果作为个人风格。

在直射光线照射下，物体的固有颜色会得到准确的展现，其表面的饱和度、明度表现都会较好。而当有云层遮挡太阳时，无论云层薄厚都会影响物体表面色彩的还原；因为在阴天的情况下散射光多，色温偏高。因此在阴天条件下拍摄彩色照片，色调会不同程度地偏冷，如图8-12和图8-13所示；而且物体固有色的饱和度和明度表现都会受到不同程度的影响。

阴天另一个重要特征：天空和地面景物的亮度间距会加大。

（2）阴天摄影造型的处理

针对天空和地面景物亮度间距大的特征，在拍摄风光时，可以寻找暗色景物或树枝作为前景，对天空做部分遮挡，以减少天空过于明亮的缺点。因为如果画面中有较暗的景物存在，会将画面中景物的层次拉开。

拍摄人物肖像时，如果将人物处理在天空上，被摄人物着浅色衣服，脸部光照柔和，以人物脸部亮度曝光，天空曝光会过度，进而形成柔的高调效果。如果将人物衬托在既有地面又有天空的场景下，这时天空很亮，平均测光会带来人物脸部曝光不足。

小技巧　　针对于阴天的特点，在摄影中可以将不利因素化为有利因素。如注意暗色调的调配使用，注意被摄主体自身色调的变化，适当利用景物自身的层次关系加强照片的对比度。

2.雨天

（1）雨天的特征

下雨天也具有阴天的特征，场景灰平；天空和地面景物亮度差别很大；地面景物间的明暗差别小，景物灰暗而缺乏立体感和层次；色温偏高，景色易偏灰蓝。但雨天比阴天多了一个活跃的因素——雨。雨中的雨丝、地面的积水、水中的倒影、这些因素都可以成为摄影表现对象。

（2）雨天摄影造型的处理

雨景的表现分为两个部分，一个是表现雨本身；一个是没有雨丝的阴天特征。针对于没有雨的阴天特征，在阴天特征和摄影造型处理中已经谈论过，这里不再赘述。下面主要来分析带有雨丝的表现方式。

要突出雨本身的形象，就要调动一切手段突出雨的特征。总体归纳起来主要有这样几种方法。

① 注意选择暗色背景。在表现雨丝时，要使用暗色的背景，如发暗的树丛、暗色的建筑和房屋；避免在天空的背景下来表现雨丝。以表现雨丝特征为拍摄目的时，不要选择过大的场景，因为场景过大雨丝效果不会明显。

② 利用逆光和侧逆光。雨天光线虽然是散射光，但在天空很明亮的状态下，还是能分清不同光位的变化。当选择迎着天空的顺光位置拍摄雨丝，雨丝被天光照亮，

图8-12　风光/刘雅菁

图8-13　窗/邹易诺

图8-14　1/15秒；f25拍摄；校园

雨的效果会弱化；如果选择逆光、侧逆光，并配合暗色背景，雨丝的特征会被强化。

③ 利用前景。前景的选择和阴天拍摄技巧相似，适合选择暗色的前景来增加照片的层次和纵深感。前景也可以选择房檐下的滴雨、滴水的树叶，或者被雨打湿的玻璃，这样可以增加雨的印象和气氛，如图8-13所示。

④ 利用倒影。下雨后，当地面有积水时，地面就像镜子一样，反射多彩的倒影。利用好这些倒影也是表现雨景的好办法。

⑤ 利用人的活动。人们在雨天出行时，会穿雨衣，打雨伞。雨衣和雨伞丰富的色彩，在灰暗的雨中成为鲜活、跳跃的颜色。利用这样的因素表现雨不失为一种好的选择。

3.雪天

（1）雪天的特征

下雪时也是阴沉的天气，与阴天所呈现出来的特征相同。例如天空和地面景物之间的亮度差别很大；而地面景物明暗反差很小，景物整体表现灰暗，缺乏立体感和层次感，色温偏高。雪天的突出特征就是雪本身。

（2）雪天摄影造型的处理

下雪时，洋洋洒洒的雪是很好的表现对象。拍摄飘扬的雪花，背景选择不能过亮；场景选择也不宜过大，过大的场景会弱化雪飘落的特征。在拍摄雪花飘落时，应根据雪花飘落的速度选择相应的快门速度，如果快门速度慢，雪花在图片上会形成长长的线，如拍摄图8-14时，选择的快门速度为1/15秒；如果快门速度快会凝固飘落的雪花，如图8-15，拍摄时快门速度为1/500秒，不同的快门速度表现雪的状态不同。

图8-15　1/500秒；f11拍摄；校园

雪景的拍摄不仅有下雪时的场景，还包括雪后的景色表现。雪后景色主要以白色为主，在雪的笼罩下，所有的景物都变成白色；因此拍摄雪后景色主要以高调效果为主。

在拍摄雪景时，适当加入少量的暗色调能使画面沉稳，没有轻飘感。如果利用相机内部测光系统拍摄雪景，测光后应在测光的基础上增加2挡到2挡半的曝光量，因为机身内的测光系统把雪也作为灰色物体来"看待"。

如果雪后在晴朗的天气下拍摄，雪和周围的景物亮度差别很大，已经远远超过胶片的宽容度；这时摄影者应该主观放弃一部影调，才能保证另一部影调层次。在这种情况下，摄影者可以考虑放弃暗部影调层次，而保留亮部雪景的层次。因为在摄影中，往往将没有层次的纯黑色视作有效影调，而不会将没有层次的纯白色视为有效影调层次。这种判别方式与人们日常生活经验相适应。

4. 雾天的特点及摄影造型处理

（1）雾天的特征

雾是由大量悬浮的水分子或冰晶组成，呈白色。雾是构成大气透视的重要因素。在雾中，景物的清晰度、反差、色彩特征都发生了相应的改变。景物的清晰度降低，

图8-16 窗外的树林/于唤

反差变小，色温偏高，如图8-16所示。在有雾的情况下，会加强近暗远淡的影调透视效果。一般在清晨比较容易产生雾，雾也是清晨的一个重要特征，特别是在秋、冬、春三季的清晨更容易产生雾。

王伟国老师在《光的造型》中提到，摄影艺术中，雾是视觉对象，又是造型对象，是画面构图的视觉元素，它的造型美，不但表现它的大气透视规律美之中，也还呈现出"白"之美。由此，我们可以看出雾在摄影表现中的价值。

（2）雾天摄影造型处理

为了凸显雾的特征，在拍摄时，选择逆光和侧逆光进行拍摄，会加强画面近暗远淡的空气透视效果；而利用顺光拍摄会使原本灰平的层次更加缺少变化，也不利于表现雾的特征。

雾分为薄雾和浓雾，薄雾更适合摄影表达，例如薄雾清晨下的树林或者村庄，由于有了薄雾的因素，更将凸显田园牧歌式的气氛。而过于浓重的雾，由于其能见度过低，不利用摄影表现。

对于拍摄河流、瀑布等场景，当采用慢门进行拍摄时，流水的周围也会产生淡淡的薄雾效果，会增加画面的气氛。

图8-17　海/王栋

5.日出、日落时刻

（1）日出、日落时的特征

关于日出、日落时刻自然光的特点可以分成两个部分。一部分为日出前和日落后；一部分是日出和日落时刻的短暂时期。

日出前和日落后的表现特征如下。

① 地面景物的照明以天光为主，这时天光是一种散射光，形成柔和的光影效果。这时候太阳虽然没出现，但天空还很亮，而地面景物的亮度很低，景物轮廓分明。

② 此时，光的色温很高，天空呈现蓝紫色，这种光线照明下的景物也呈现出偏蓝的色调，效果如图8-17和图8-18所示。

日出和日落时刻的表现特征如下。

这个时刻太阳照度不高，光线很柔和，景物受光面和背光面光照对比较小；光线色温很低，容易出现霞光，如图8-19所示；太阳的入射角小，朝向太阳的垂直面受光；这时的太阳是很好的表现对象，易形成暖暖的红日、霞光满天的效果；沐浴在光线下的景物被染上了一层暖黄色，如图8-20所示；这段时期是典型的平射时期，因此投影很长。

图8-18　婚纱照/徐国强

图8-19　校园/隋时

图8-20　校园

　摄影光线造型基础

图8-21　校园清晨/吴枭龙

　　黄昏时刻往往空气比较污浊，所以在侧光、侧逆光的情况，会增强空气透视的现象。日出和日落时刻被称作摄影的黄金时期；有些摄影者专门挑选这个时期进行拍摄，而放弃在斜射和顶射时期时拍摄。因为这个时期的光线瞬息万变，为摄影创作带来很多机会。

　　（2）日出、日落光线造型处理

　　① 日出前和日落后光线处理。在太阳初升之前和太阳落山之后一段时间里是无直射光照明时期。这段时间也被称为天光照射时间，很多摄影者利用这段时间来拍摄照片。这段时间光线的特点是，天空很亮，地面的景物很暗，如果利用仰角度把景物轮廓衬托在天空上，就会表现出景物的剪影，如果取景合适会产生简约的画面效果。

　　② 日出和日落时刻光线造型处理。这段时间被称为清晨与黄昏时刻的摄影时间。这时如果用侧光、侧逆光拍摄比较大的场景，容易获得较好的透视效果，被摄体的周围会出现金色的光环，也容易表现出日落和清晨的气氛，效果如图8-21所示。在这个时期如果用逆光拍摄水面，会出现耀眼金色的光芒。

日出和日落时刻色温低，被阳光照射的物体表面会出现明显的暖橙色。

日出和日落时太阳本身就是很好的表现对象，这个时刻的太阳还比较明亮，但可以利用前面的景物对太阳进行部分遮挡，创造出美丽的光束，形成不同寻常的气氛。

6.夜景摄影

（1）夜景特征

夜景的重要特征就是光照强度低，照明以人工光为主；并且人工光照明与天光亮度不均匀，反差大；色温不稳定。因此，曝光控制、色温控制都比较难。

（2）夜景摄影造型处理

夜景拍摄是摄影创作的重要方面。如何再现夜晚的光线效果，成为夜景成功与否的关键。表现夜晚的效果，既要完成画面的造型任务，又要力求自然展现现场气氛。在夜幕下，景物大多处在黑暗之中，摄影者丧失很多表现手段。总结拍摄夜景的技巧，有以下几个方面：首先，注意处理夜的现场效果。为获得真实的现场感，要保持现场光源做主光，然后可以利用反光板等对暗部进行补光。或者利用电子闪光灯的反射光来提高周围环境的亮度，不会形成多余的投影，光线效果比较真实。其次，注意天空层次的展现。在夜景中被摄主体和背景都很暗，如果选择逆光和侧逆光来表现主体，会形成明显的轮廓效果，因此要注意选择被摄主体形体和姿态。

月亮是夜景表现的对象，也容易渲染夜的气氛。每月农历十六、十七的清晨，太阳没有初升前的这段时间是拍摄月亮的好时机。因为这段时间天空具有一定的亮度，而月亮轮廓清晰并富有层次；在天光照明之下，地面景物具有一定的亮度。

拍摄城市夜景最好的时机是每天太阳落山之后，以天光照明为主的一段时期。因为这段时期色调偏蓝，天空保存层次丰富的余光，能将天空和地面景物分开。而且这时是各种人工光初上之时，蓝色的天光与暖色的人工光源相配合，冷暖形成色调的对比，如图8-22所示。在这个时刻拍摄夜景，灯光和被摄主体都能得到较好的表现。每天这样的时刻能保持30分钟左右，但最佳拍摄时间也只有短短十几分钟。因为在天空陆续变暗的条件下，天空与主体间的亮度差值会增加，被人工光照明的主体质感和色彩消失，只保留部分灯光效果。在天光亮度继续下降的情况下，天空与主体间的亮度差值继续升高，拍摄者很难将主体与天空亮度同时兼顾，如图8-23所示。通过以上分析得出：夜景也是为摄影创作重要的题材和内容。

在天空完全没有层次的条件下，也可以利用人工光源拍摄出与众不同的照片。例如这段时期可以利用电子闪光灯分别照亮不同的物体；或者分别照亮被摄体的不同部分；抑或利用移动光源对被摄体进行分别照明拍摄，这种拍摄方式会得到与白天截然不同的表现效果。利用这些方法进行拍摄时，往往采用多次曝光，或者选择的快门速度比较慢。因此，最好选择在三脚架上进行拍摄。

图8-22　武汉万达瑞华酒店/徐国强

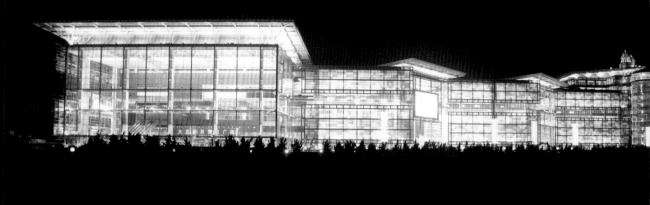

图8-23　天空失去层次和色彩

第二节　室内现场光

拍摄室内题材是摄影的重要方面。因为可以利用室内环境展现人类的各种活动，或者拍摄各类环境肖像，或者展现室内的建筑风格、陈设，等等。因此，以室内空间为题材的摄影活动比较多。在室内进行拍摄时，摄影者往往需要利用现场光进行拍摄，因此有必要对室内光线的特点和表现规律进行研究。

室内现场光主要有白天和夜晚两种。白天室内现场光的照明比较复杂。一种情况为只受到自然光的照明；另一种情况为自然光与人工光共同作用。而夜晚主要以单一的人工光为主。在拍摄带有窗户的室内空间时，为表现户外的层次和影调，拍摄的时间最好选择在有天光层次的时刻，而尽可能不选择室外全黑的时刻。这里主要论述，室内白天的自然光照明。

自然光照明下的室内空间，光源虽然来自太阳，但因为有了建筑物本身的限制，受到空间环境的影响，照明效果与室外自然光有明显的区别，例如室内窗户的大小、门窗的方向、门窗的多少、墙壁的反光率、家具的色彩，等等，都会对室内光线照明效果形成较大的影响。因此，室内自然光照明的亮度、性质差别很大，在距离光源几米的范围内光线的反差、强度就会产生较大的改变。这一特点给室内自然光摄影造成很大的困难；但正因如此，又给室内自然光拍摄带来了独特的表现力。

在白天只受到自然光照明的室内空间也有两种表现：一种为阳光直射的室内空间；另一种为受到天光散射照明的室内空间。对于受到阳光直接照射的室内空间，一天之中光位变化大，照明的强度、色温变化较大，光线性质也会随着天气、时间段的不同发生相应的改变。而以天光照射为主的室内空间，主要指那些以窗户为主要光源，并且开窗朝向北面的室内空间。这样的空间，照明主要以天空的散射光为主，其变化的规律与直接接受光线照明的室内不同。单纯受到天光照明的室内空间，照明效果比较均匀，照明的亮度在一定的时间范围内变化不大；并且色温偏高。其光照效果不像直接受到光照的室内那般，其光照效果受天气影响不大。

这两种光线在塑造物体时存在明显的差别，但无论怎样以自然光照明为主的室内空间，其光照效果必然受到天气的影响。这种影响主要表现为以下几个方面：光线的强度；光线的性质；光线颜色；光线的位置。

1.光线的强度

以自然光为主的室内空间，其光照强度随着距离光源（窗户、门等）远近的不同而变化。距离光源（窗户）近的物体由于光线的强度高，而环境对它的影响不大，所以距离窗户近的物体反差要大一些。但随着距离的增加，景物的明暗反差就逐渐减弱。室内光线的强弱还与室内门窗的个数与门窗的尺幅大小有关联。由于室内自然光距离门窗（光源）远近的不同，亮度变化很大。因此，室内景物层次过渡很丰富。

2.光线的性质

以自然光照明为主的室内空间，光线性质的变化与天气和距离光源的远近都有关系。例如在晴朗的天气里，靠近窗户的物体直接受到阳光的照射，其造型效果具有直射光的特点。而随着与窗户距离的加大，光线强度降低，物体受到光线照射就具有散射光的特点。

室内空间光线性质还与室内陈设有较大的关系。如果室内多为反射率高的陈设品，对暗部补光多，物体受光面与背光面的亮度差值就会降低。如果室内的陈设品以暗色调为主，其反光率低，对暗部补光少，室内物品受光面与背光面的亮度差值就会增加。因此，环境对光线性质也有较大的影响。

3.光线的颜色

室内光线色彩的变化一方面与天气有关，一方面与室内装饰、摆设等因素有关。室内陈设品的反光率和颜色既能影响处于该空间内物体的反差，也会影响其色彩的展现，在拍摄中应多加观察。

4.光位选择

室内自然光的光源方向是固定不变的，不论晴天或是阴天，光线始终都是从一个方向照射。因此在室内进行拍摄时，光位的选择只能是摄影者通过改变拍摄位置来选择。

对于只有一扇窗户的室内空间，选择背对窗户进行拍摄，光位选择的就是顺光。如果被摄体距离窗户较远，光具备了散射光的特点，因此被摄体的明暗反差不大。在这样的光线下拍摄，如果背影比较明亮，就可以拍出影调柔和的高调照片；如果背景比较暗，主体比较明亮，这样有利于突出主体。用室内自然光的顺光来拍摄人物的中近景时，由于人物比较亮，而背景比较暗，人物的头发容易淹没在深色的背景中。所以在利用顺光表现人物时，注意不要用暗色的背景衬托头发，要选择比较明亮背景。如果利用顺光表现较大的室内空间，空间层次感表现不佳。

如拍摄时选择的是窗户（光源）左面或是右面墙作为拍摄背景时，那选择的光位就是前侧光或侧光。利用室内自然光拍摄时，前侧光和侧光是较好的选择。侧光能够勾勒出被摄体的主要轮廓线。在室内亮度反差比较大的情况下，主体的反差也比较大，物体的立体感很强。如果室内的环境比较暗，主体又处在窗前直射阳光下，主体的反差会更大，如果找到暗背景，会形成硬朗的低调画面。

如果利用室内自然光表现室内的整体环境、气氛，用逆光，也就是对着门窗（光源）方向，站在室内暗的一侧向亮的方向进行拍摄，景物从明到暗，表现出较好的空间感和室内景物的层次感。但在这种情况下进行拍摄时，要照顾好暗部的影调层次。利用室内自然光逆光来拍摄人物，常常因为反差很大，人物淹没在阴影中，不容易表现出人物脸部的神情和景物正面的质感。这个时候不能兼顾暗部和亮部的层次，在保留亮部影调层次时，图像表现为剪影效果，可勾画被摄体的姿态、动态、轮廓；如果保留暗部影调层次图像表现为明显的光晕效果。虽然对于一般的拍摄者而言，这种光照效果不是有利的拍摄条件，但却为摄影创作带来了巨大的空间。因为光斑、影子都是很好的造型因素和表现对象。室内不同的光位效果比室外更明显，也更具表现力。

室内自然光是一种很富有艺术表现力的光照条件，有利于摄影者抓拍室内生动自然的人物活动，表达室内真切的环境气氛。在摄影器材不断进步的今天，室内摄影越来越成为摄影者热衷的表现题材。在新闻摄影里，大量使用室内自然光线表达真实的气氛。

综上所述，室内自然光的特点是距光源近的景物，亮度较高，反差较大；距光源远的景物，其亮度就暗，反差较小。在室内自然光的条件下进行拍摄时，应注意选择：

① 选择好光线投射方向；

② 选择是直射光还是非直射光；

③ 考虑光线亮度平衡。如考虑室内与室外的亮度平衡、室内亮部与暗部之间的亮度平衡。

第三节　现场光与闪光灯相结合拍摄方法

现场光的特点主要分为两个方面：白天和夜晚。白天现场光的照明以太阳为主，在实际拍摄中有时也需要在光照充足的条件下添加人工光进行补充照明，而人工光选择主要以闪光灯或反光板反光为主。而在夜晚拍摄时，为表现出更多影调层次，利用现场光与闪光灯结合的时机更多。这里主要论述，室内外原有光源与闪光灯相结合的拍摄方法。

一、室外自然光与闪光灯相结合

很多人认为，只有在光线不足时才会使用闪光灯进行拍摄。其实不然，在阳光充足的晴朗天气下，照样可以使用闪光灯拍摄出与众不同的照片，如图8-24就是在自然光条件下，利用电子闪光灯从机顶直接闪光拍摄的效果。图8-25是在黄昏时刻，从主体身后添加闪光灯拍摄的效果。

在自然光照充足的条件下使用闪光灯与室内影棚中使用闪光灯的方式有相同之处，也有不同之处，在这一节中主要介绍相关的技巧。

1.填充式闪光控制

人的眼睛对各种亮度有很强的适应能力。如在观察逆光条件下的物体时，我们的眼睛仍能分辨出其暗部的细节。眼睛在逆光下具有自动逆光"补偿功能"。但相机不具备这种自动补偿功能。如果按照中央重点测光方式获得的曝光值进行曝光，拍摄后往往会出现剪影效果，分辨不出暗部的细节。在这种条件下提高曝光量，则背景就会曝光过度。这时可以采用闪光灯补光的方式弥补现场光线的不足，即由闪光灯来补充被摄体暗部的亮度。闪光灯的亮度与现场光的亮度要有差别，这时摄影者要做出选择，即是以闪光灯为主光，还是以自然光为主光。为了保证拍摄后的效果自然，一般闪光灯的亮度要低于现场光的亮度。

利用这种方法拍摄时，闪光灯强度最好在保证背景曝光正常的前提下，适当增

图8-25 同学/杨恩泽

强主体阴影区的亮度，阴影区的亮度以不高于背景亮度为佳。具体操作方法为：将快门速度置成最高同步速度，然后根据闪光灯指数和被摄体距离，按照指数公式计算出光圈值，在获得准确曝光的前提下再收缩一到两挡光圈来进行拍摄。光圈收缩的范围要符合最终效果，光圈收缩的多逆光效果会加强。

但这种操作方式相对复杂，如同手动曝光，要有较丰富的经验才能熟练操作。现在许多专用的电子闪光灯都具有这种闪光控制程序，能够在曝光前根据现场光的亮度和画面的反差自动设置闪光量；能基本保证在闪光的光照条件下，较好保留现场光的光照效果。佳能电子闪光灯将这种闪光方式称之为A-TTL控制方式。

2. 快门与光圈配合

作为摄影者也许有过这样的经历，在光线较暗的傍晚拍摄，由于环境光亮度较小，采用闪光灯拍摄时，虽然被摄主体曝光准确，但背景曝光却严重不足，主体在画面中不协调。通过前面章节的讲述已经知道闪光灯的曝光量是用光圈来控制；但在环境较暗的条件下利用闪光灯进行拍摄时，可以利用快门速度来控制背景的曝光量。例如在利用电子闪光灯补光拍摄时，在光圈f9不变的条件下，快门调整到1/15秒拍摄的效果如图8-26所示，处于闪光范围之外的背景曝光会亮一些；快门速度调整为1/30秒，拍摄的效果如图8-27所示；快门速度调整为1/60秒，拍摄的效果如图8-28所示；快门速度调整为1/125秒，拍摄的效果如图8-29所示。拍摄这组片子的时

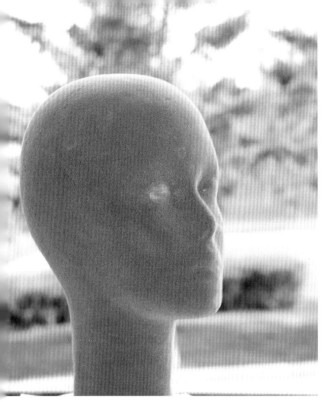

图8-26 曝光组合为：1/15秒；f9

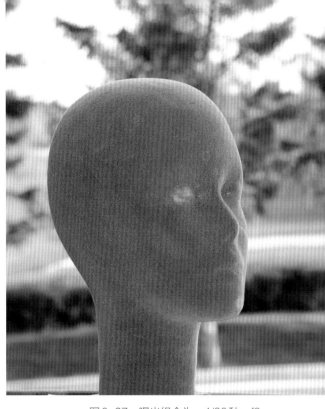

图8-27 曝光组合为：1/30秒；f9

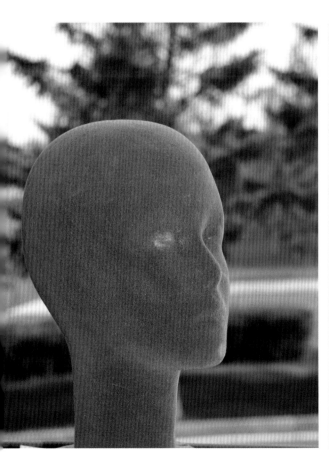

图8-28 曝光组合为：1/60秒；f9

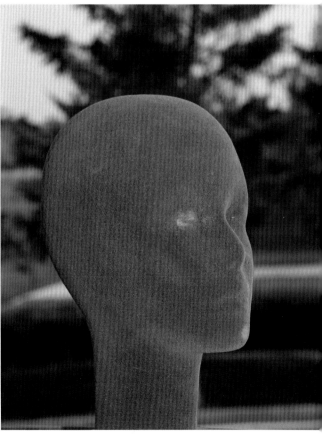

图8-29 曝光组合为：1/125秒；f9

图8-30 室内现场光效果/赵欣

图8-31 室内现场光与闪光灯混合效果/赵欣

间为14∶30左右，背景光线比较明亮，因此快门速度的不同对主体曝光也产生较大的影响。而在环境光较暗的情况下，快门速度的适度变化对主体曝光影响比较小。因此常说，光圈数值控制前景曝光，快门速度控制后景曝光。当然，快门速度不能过慢，如果快门过慢不仅会影响主体的曝光，还会使主体虚化，或使运动的主体出现半透明的效果。因为用过慢的快门速度拍摄运动物体时，闪光灯关闭之后，运动中的主体虽然离开原来的位置，但曝光仍在继续，所以会出现主体半透明的效果。

　　大自然中的光照效果丰富多彩，给摄影创作提供无限机会。作为摄影者应当利用摄影师的眼光观察变化中的不同光效，学会利用各种光照效果塑造被摄体。自然光的多变性也许会成为摄影表现的限制，但也可以成为表现利器。在千变万化的自然光线中我们应该既受其制约，又要利用其多变、丰富的变化，营造属于自己的美好。而这种营造需要在明白相关理论之后，通过不断的实践加以验证。因为不论我们的理论掌握多好，没有拍摄经验，理论也只能是理论，不会给我们拍摄带来任何改变。

二、室内现场光与人工光混合照明

　　在室内现场光无法满足拍摄需要时，可以添加人工光源来弥补现场光的不足，这种方式是综合利用多种光线的方法。在实际的拍摄中可以将现有光作为主要光源，也可以将人工光作为主要光源来使用。也就是在室内现场光和添加外来人工光混合的情况下，要先确定一种光线作为主光。如果室内光线比较明亮，合理的选择为，利用现场光来做主光，外加的人工光做辅助光。这时辅助光的作用是补充现场光照明不理想的状态，以不破坏现场光效果为前提。现场光和外来人工光源合用时，要注意色温的变化。

　　图8-30为室内现场光效果，现场光的光比比较大，亮部层次表达较好的情况下，主体暗部淹没在阴影之中。图8-31为在现场光的基础上，在主体的右侧前侧光方向加一盏闪光灯作为辅助光；在左侧侧逆光方向加入一盏闪光灯作为骆驼头部主光；在左侧背景处加入闪光灯照亮整个背景；并在中后部背景之后加入一盏较强的闪光灯以增加画面的空间层次感。

　　综上所述，在利用现场光与外来人工光结合的拍摄中，拍摄者要在现场做出判断，给出合理的用光方案，并考虑各个光线之间亮度差值。

思考题

　　1.太阳光照明具有哪些特点？

　　2.太阳不同照射时期具有哪些特点？

　　3.阴天、雨天、雪天、雾天光照效果具有哪些特点？各自摄影造型处理的方法有哪些？

4.日出和日落时期具有哪些特点？哪个时间段是拍摄夜景的最佳时间？拍摄中应注意的事项有哪些？

5.室内现场光的特征有哪些？

实操

1.特殊光线作品2张。

2.现场光与闪光灯相结合作品2张。

参考文献

[1] 王伟国.光的造型[M].沈阳：辽宁美术出版社，2001.

[2] 姚殿科.摄影色彩分析与应用[M].沈阳：辽宁美术出版社，2011.

[3] 孙建秋.官小林译.美国纽约摄影学院 摄影教材[M].北京：中国摄影出版社，1986.

[4] 徐枫.新编摄影大全[M].成都：四川科学技术出版社，2001.

[5] 唐东平.摄影构图[M].杭州：浙江摄影出版社，2006.

[6] 康大全.摄影构图学[M].成都：四川美术出版社，2005.

[7] 比尔·赫特尔著.沙景湘，李艳译.人像摄影手册[M].长沙：湖南美术出版社，2006.

[8] 屠明非.曝光技术与技巧[M].沈阳：辽宁美术出版社，1995.

[9] 芭芭拉·伦敦，约翰·厄普顿，吉姆·斯通，肯尼思·科布勒，贝希·布瑞尔著.杨晓光，黄文，任悦译.美国摄影教程[M].长春：吉林摄影出版社，2006.

[10] 克里斯托弗·格瑞著，徐维光译.人像摄影用光指南[M].长沙：湖南美术出版社，2006.